U0249410

筑·美　2013年第1期 总第1期

主办单位：

全国高等学校建筑学学科专业指导委员会建筑美术教学工作委员会

中国建筑学会建筑师分会建筑美术专业委员会

东南大学建筑学院

中国建筑工业出版社

顾　问：

吴良镛　齐　康　钟训正　彭一刚　戴复东

仲德崑　邵韦平　张惠珍

主　编：

赵　军

副主编：

贾倍思

编委会（按姓氏笔画排序）：

王　兵　冯信群　华　炜　邬烈炎　张　月　张　琦

陈飞虎　李东禧　尚金凯　周浩明　郑庆和　赵　军

赵思毅　贾倍思　顾大庆　徐明慧　高　冬　唐　旭

葛　明　董　雅　程远　靳　超

秘　书：

朱　丹　曾　伟　张　华

责任编辑：唐　旭　张　华

责任校对：姜小莲　关　健

设计总监：赵　健

设计制作：郭宏观　丁　辰　杨昶贺

出版发行：中国建筑工业出版社

经销单位：各地新华书店、建筑书店

印刷：北京图文天地制版印刷有限公司

开本：880×1230 毫米　1/16　印张：10

字数：300 千字　2013 年 5 月第一版

2013 年 5 月第一次印刷

定价：98.00 元

ISBN 978-7-112-15331-2

（23387）

图书在版编目（CIP）数据

筑·美 / 赵军主编 .—北京：中国建筑工业出版社，2013.4

ISBN 978-7-112-15331-2

Ⅰ.①筑… Ⅱ.①赵… Ⅲ.①建筑设计－环境设计－年刊

Ⅳ.① TU-856

中国版本图书馆 CIP 数据核字（2013）第 068741 号

创刊语

从制造大国向创造设计大国的转型不是靠空谈，空谈不仅误国，还误人子弟。科学与艺术是人类创造力的共同基础，从本质上讲，建筑设计、环境设计等相关学科既离不开科学与技术的支撑，更不能缺少艺术的想象与创造。

21 世纪，我们面对的是人的生活方式的转变，社会文化观念的演化，而高新技术的发展给我们提供了创新与实践探索的舞台。建筑设计与环境设计等相关学科人才的培养有它的特殊性，我们面对的是一些不知何为设计与艺术的学生；从基础教育抓起，大力改进设计基础课程的内涵和训练模式，开发学生的设计潜能，培养学生的创新能力，是创办《筑·美》的办刊方向，以展示全国高等建筑院校和美术院校中的建筑与环境设计专业的造型基础教学研究、关注前沿艺术活动、加强国内外学术交流等为目标，为我国高等院校创新型设计人才的培养提供一个研究与交流的平台。

作为创刊，我们在回顾我国建筑设计教育历史的基础上，通过大师们的论述，阐述了设计与艺术的关系；通过不同学科之间的交流，探索艺术创新在设计领域的具体应用。集中展现了国内外几所著名高校近年来，在设计基础教学改革中所取得的成果。我们希望通过抛砖引玉，引起全国高等院校相关设计专业对设计造型基础教学研究的重视，为我国未来高品质设计人才的培养作出我们应有的贡献。

我的几句话——
贺《筑·美》首刊

仲德崑

英国诺丁汉大学 博士
东南大学教授 博士生导师
全国高等学校建筑学学科指导委员会 主任

写于 Monterey Park, Los Angeles

今天，是传统的元宵节。虽是远在美国西海岸的洛杉矶，月亮也是一样的圆，一样的亮。那洒满一地的月光，悠悠的、平和的，给人一种温柔的和谐之美。

美，是一个涵盖一切的概念，大自然是美取之不尽的源泉，而人类文化从苍茫之中起始至今，也在持续地创造人工之美。我们热爱自然之美，我们更关注人工之美。

年刊取名《筑·美》，不知是谁的首议，我觉得是一个很好的名字。我以为《筑·美》至少有三个含义。第一个含义是人工之美与自然之美，构筑之美是人工之美；而美的本源是自然之美。第二个含义是建筑与美术。英文建筑"Architecture"的意思，主要是指建造的艺术。黑格尔的《论艺术》中，建筑是和绘画、雕塑等并列的艺术门类。美术，英文对应的词是"fine arts"，指的是纯粹艺术的创造。而到了今天，无论建筑，还是美术，其内涵都有了外延和深化，所包含的内容十分丰富。但是，不论如何发展，建筑与美术的缘分却是难分难解。《筑·美》的第三个含义是构筑美。构筑美，是建筑和美术共同的目标，也是建筑师和美术家共同的追求。建筑，不论是古典的，还是现代的；不论是中国的，还是西方的，除了功能的满足之外，还应该是美的。美术，不论是经典的，还是先锋的；不论是写实的，还是抽象的，总应该给人以美的感受。对《筑·美》的不同理解，或许也提示了这本杂志未来的办刊取向。

作为一个建筑教育者，我的成长之路离不开美术。在中学时，我就是学校美术兴趣组的成员，及至进入南京工学院建筑系之后，入学后的第一年即师从南京工学院的各位美术老师，如李剑晨、丁传经、金允铨等先生，潜心学习素描、水彩、水粉，也曾颇有心得，对我后来建筑设计上的发展有重要的影响，退休后或许会重拾画笔去追求曾经的美术之梦。

去年，全国高等学校建筑学学科指导委员会成立了建筑美术教学工作委员会，创办《筑·美》，是工作委员会的一项重要举措，对此，我作为全国高等学校建筑学学科指导委员会的主任，十分欣慰。我衷心地祝愿《筑·美》能够办成一本面向建筑与环境设计专业的专业学术刊物，成为围绕建筑与环境设计专业中的美术基础教学和相关艺术课程探讨的场所以及美术教师、建筑及相关专业设计师的艺术作品创作表现鉴赏的园地。

祝《筑·美》为构筑民族之美，中国之美，世界之美作出自己的贡献。

序

赵　军　主任

全国高等学校建筑学学科专业指导委员会美术教学工作委员会
中国建筑学会建筑师分会建筑美术专业委员会
东南大学建筑学院教授

全国高等学校建筑学学科专业指导委员会建筑美术教学工作委员会（前中国建筑学会建筑师分会建筑美术专业委员会）从 1990 年开始筹备就得到了中国科学院和中国工程院院士、清华大学吴良镛教授，中国科学院院士、东南大学齐康教授，中国工程院院士、东南大学钟训正教授，前中国建筑学会秘书长张祖刚教授等老一辈建筑专家的关心与支持。在全国高等学校建筑学学科专业委员会的指引下，来自东南大学的金允铨教授、清华大学的刘凤兰教授、天津大学的章又新教授、重庆大学的漆德琰教授、同济大学的杨义辉教授、北京建筑大学的刘骧林教授、湖南大学的张举毅教授等 12 所高校的美术教师相聚在东南大学建筑学院，成立了建筑美术专业委员会筹委会，并确定开展两年一次的全国高等建筑院校美术教学研讨会活动。2003 年，全国高等院校建筑美术专业委员会（筹委会）成为中国建筑学会建筑师分会会员单位，正式成立中国建筑学会建筑师分会建筑美术专业委员会（挂靠东南大学建筑学院）。在 20 多年的发展历程中，全国高等学校建筑学学科专业指导委员会和中国建筑学会建筑师分会的历届领导对建筑美术专业委员会的发展和学术研究给予了大力的支持。迄今为止，建筑美术专业委员会已成功举办了 12 届全国高等院校建筑美术教学研讨会，邀请了近百位不同学科的专家作学术报告，交流学术论文几百篇，出版系列教材、教师美术作品集、论文集、学生作品集几十本，举办了多届教师美术作品展、学生优秀美术作品交流展，开展了全国高等院校建筑与环境设计专业学生优秀美术作品大奖赛活动。教学研讨会活动的开展，对我国建筑与环境设计专业基础美术教学体系架构的建立、教学改革，以及美术创作与理论的研究都产生了积极的推动作用。

建筑美术专业委员会所取得的成绩，与金允铨主任，刘凤兰、漆德琰副主任，建筑学会理事刘骧林教授，以及章又新、杨义辉、张举毅等教授为骨干成员的努力、奉献与辛勤工作分不开的。在他们的带领下，我国建筑美术教育与改革得到较大发展，他们为我国建筑院校的美术教育开创了新的局面，为建筑学科美术教育事业的不断发展作出了杰出的贡献。

2012 年经全国高等学校建筑学学科专业指导委员会研究决定，成立全国高等学校建筑学学科专业指导委员会建筑美术教学工作委员会。这为我国高等院校建筑学、城市规划、景观学、风景园林、环境设计等相关专业的美术基础教学交流与研究进一步打下了良好的基础。回顾历史，中国的建筑学专业教育已走过了近 90 年，在梁思成、杨廷宝、刘敦桢、童寯、吴良镛、齐康等老一辈建筑设计大师、建筑设计教育家的开拓与努力下，创立了具有中国特色的建筑学教育体系，而早期建筑设计人才的培养，又与以著名画家李剑晨、吴冠中、关广志等为代表的老一辈建筑美术教育家的贡献分不开的。

当今，随着科学技术的快速发展，建筑设计、城市规划、景观学、环境设计等相关学科的设计理念都发生了新的变化，而新思想、新技术、新材料对设计教育产生了极大的影响，我国沿用几十年的传统设计教育构架与体系面临着新的变革。近三十年，为了适应经济与建设发展的需要，我国高等院校的相关设计专业在数量上快速增长，招生人数不断扩大。但是，我国现行的教育体制、人才培养模式、师资队伍水平等方面都不能满足现代设计专业人才培养的要求，尤其是在相关设计学科造型基础教学这方面更显落后，存在着知识结构老化，跟不上时代发展的要求，这种状况令人堪忧。

建筑学、城市规划、景观学、环境设计学科不同于其他学科门类，它不仅要求学生掌握相关的专业基础知识、专业设计与理论，而且还需要具有较高的艺术素质与审美修养；而造型基础是设计基础重要的组成部分，对培养未来优秀设计师的重要性是不言而喻的。但从我国高校相关设计专业的造型基础教学与人才艺术素质培养等方面现状看，还有许多方面需要改革与创新。

《筑·美》的出版，与全国高等学校建筑学学科专业指导委员会建筑美术教学工作委员会、中国建筑学会建筑师分会建筑美术专业委员会的组织与学术活动的长期开展，中国建筑工业出版社对中国高等院校相关设计学科基础教学的关注与支持分不开的。经过美术教学工作委员会与中国建筑工业出版社相关领导一年多的交流与准备，决定联合推出的一本面向全国高等院校建筑与环境设计专业的学术年刊，本刊物主要围绕建筑与环境设计专业中的造型基础教学、专业引申的相关艺术课程探讨、建筑及环境设计专业美术教师、建筑及相关专业设计师的艺术作品创作、设计表现、鉴赏等为核心内容。本刊坚持创新发展，关注建筑与环境设计文化前沿；力求集中展示我国高等院校建筑学科和环境设计专业的艺术创作面貌，将各高等院校建筑与环境设计专业造型基础教学成果为主要办刊方向，注重学术性、理论性、研究性和前瞻性。确定办刊宗旨为：以展示全国高等建筑院校和美术院校中的建筑与环境设计专业相关的造型基础教学研究、前沿艺术活动、教师艺术风采等为目标，旨在推动我国高等院校建筑与环境设计专业造型基础及相关教学改革研究在该专业领域的良好发展。

另外，本刊物在创刊的过程中，还得到了全国高等学校建筑学学科专业指导委员会，中国建筑学会建筑师分会，东南大学建筑学院、清华大学吴良镛院士、东南大学齐康院士、建筑学学科专业指导委员会主任东南大学仲德崑教授，普利茨克奖评委、美国建筑师学会（AIA）会员、美国麻省理工学院（MIT）建筑系张永和教授等的大力支持，在此向他们表示衷心的感谢。

目　录

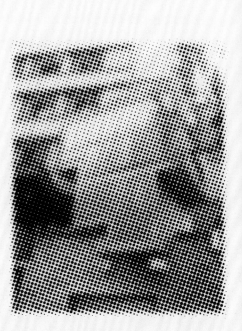

业余建筑：一种新的（建筑）方言 [1]

Amateur Architecture: A New Vernacular?

作者：Evan Chakroff

俄亥俄州立大学建筑学硕士。曾就职于巴塞尔的赫佐格和德梅隆建筑事务所，和意大利罗马的福克萨斯建筑事务所，现为 NBBJ 上海办公室的资深建筑师。

翻译：陈治国

天津大学建筑学院建筑硕士，俄亥俄州立大学景观建筑学硕士。
凯里森（中国）上海办公室，设计副总监。

　　王澍被选为今年的普利茨克奖得主，既出人意料，又非常妥帖。近几年来，普利茨克奖评委会越来越看重那些地方化的建筑师，他们通过对场所的内在理解进行创作，在他们的作品中深深植入地方文化。对王澍的选择（进而业余建筑工作室以及合伙人陆文宇），仍在延续这种倾向：因为他的作品敏感地应对历史文化和场地文脉，同时在美学上又振聋发聩。

　　王澍把工作室维持在一个不大的规模，专注于设计本地项目，发展出一套对于地方工匠的建造能力和建造技术的深刻理解，从而使他的工作室能够游刃有余地将传统材料和形式策略发展成一种文化的表达手段。当境外建筑师们还在用肤浅的比喻来表达设计的"意义"（如 SOM 在金茂大厦中泛滥地运用幸运数字"8"或者哈迪德在广州的"圆润双砾"）的时候，王澍则顺利地从旁侧绕开，避免了将此类比喻用作建筑形式的生成器。他的设计表达了一种乐观的可持续性，强调行人尺度的城市主义，并通过对回收材料的选择性使用和地方乡土形式策略的运用，对历史进行含蓄的回应，唯一的制约来自建筑工人的能力和材料的内在属性。

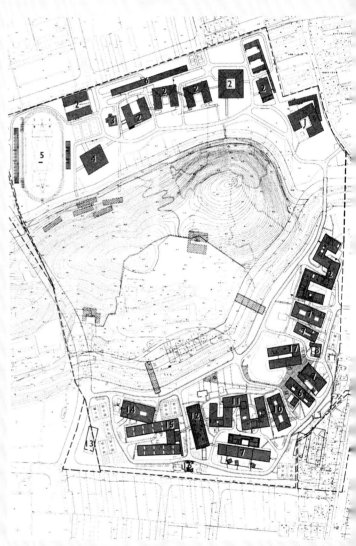

DWG - site plan (record)

[1] 本文原文刊登于作者个人网站 <http://evanchakroff.com/>。原文的部分章节曾被作者通过改编后，以《Recasting History: The Ningbo Historic Museum》为题刊发于美国 LOG 杂志第 24 期第 057 页，ISSN: 1547-4690 ISBN: 978-0-9836491。本文所有照片由作者提供。

中国美院象山校区一期，中国杭州，2002-2004 年

王澍的建成作品不算很多，苏州大学文正图书馆（1999-2000年）、宁波当代艺术馆（2001-2005年）和杭州垂直院宅（2002-2007年）等都能明显展示其设计才华；象山校区则是他工作室的第一个展现建筑师完全进入状态的作品，其创作手法的成熟性，足以获得建筑界的最高奖项。

象山校区的设计常被借用中国书法来描述和形容，一期代表着几何明确、形式标准的楷书，而更富表现力的二期则被比作流畅狂放的草书。虽然这种差异可以通过建筑平面明显识别，但现场的感受不甚明显。校区给人一种非常强烈的整体印象，通过相当有限的材料表现方式来创造形式的无限多样性，这是一种充满传统神韵又彻头彻尾属于当代的建造方式。虽然建筑师对于回收砖瓦的运用十分重要，不过真正使得王澍作品充满传统意味的不是他的材料样板，而是他所运用的形式策略。

不难想象校区一期建筑对于庭院元素的运用参照了中国传统院落式住宅——但这种古老的类型学源自人类与周围环境的最基本联系，并已在多种文化背景里独立发展了许久。校园建筑采用此种类型的优越性十分明显——建筑平面进深较小，允许足够的自然采光和穿堂通风；每座独立建筑各自围合一个中心庭园，减小建筑各翼之间的交通距离，使整个建筑占地较小。工作室和教室拥有良好的保温隔热措施，退到半开放的走廊空间后面；这些交通空间仅以木门与室外相隔，在很冷的深冬，显然不是留恋之所。而这种走廊空间所提供的适宜的温度渐变，有效摒弃了现今中国大多数建筑中过度使用空调的做法。

一期各单体建筑的平面非常类似，院落开口的朝向则不一而同，时而朝向城市，时而框景远山。建筑立面的处理基本上是由日照朝向所决定。北立面主要是抹灰外墙和普通预制门窗——这既可以读作是源自包豪斯的简约主义，也可读成"毛泽东时代"所热衷的"苏俄"国际式的历史遗留。朝南的立面普遍运用木门窗，开扇巨大，不同的年月和不同的时段，各扇的开启角度互不相同，使建筑立面充满丰富的动态表情。每座建筑都坚实地屹立在稳固的基座上，基座里较低的楼层，拥有更好的私密性。

整个校区的建筑，通过有限的材料和建造细节，来达到视觉上的统一；通过由地面层步道和架空走廊结合而成的多层交通网络，来实现空间上的统一。多样化的步行联系，使参观者可以在风雨天气照样能穿越整个校园。

虽然建筑师所使用的材料样板中已经采用了传统元素，但是他们却用非传统的方式将这些元素进行配置和使用。原本较小的木门窗开启扇，向上延伸直到走廊的全高（在宁波当代艺术馆中，开启扇的高度更为极端）。回收的青瓦在钢格架上铺成巨大百叶，附着于简约而现代的水平条窗或者幕墙上。这些超大尺度的钢制百叶应用在现代主义立面上，产生了一种传统和现代的强烈对比。虽然中国的许多城市都有一种源自近代条约港口时期的"殖民地"遗产，包括巴黎美术学院（布扎）学院派新古典主义和一些零散的装饰艺术派杰作——但是这个国家典型的建筑主流所运用的材料仍然是露明的木结构和砂浆砖砌体结构，或者从"苏俄"引进的直白的现代主义国际式的混凝土结构。考虑到这些情况，象山校区的一期建筑可被读作是中国过去这两种主要建筑风格的组装。

中国美院象山校区二期，中国杭州，2004-2007 年

如果说一期建筑可看成是一种荒诞的拼装，那么二期建筑则更像是一种有机综合，在设计上试图将中国这两种传统协调于一种新地方主义建筑学。

从总体规划和材料构成的角度而言，二期建筑可以理解为对一期发展出来的技术进行详细深化。在一期，互相分离的院落式建筑通过架空走廊进行连接；在二期，这些走廊被加宽，形成体量，融入其他功能，之前相互分离独立的院落式单体开始串联成更长的构图。一期的建筑坐落在坚实的石头基座上，二期的建筑则与地面脱离，浮于草上，允许车辆行人从底下穿行。当建筑中不出现院落的时候，主要是在二期，折来折去的建筑形式仍然清晰地界定着空间，并创造一定的空间围合感。跟一期相似，建筑使用一系列有限的材料，进行不同的组合，演变出令人称奇的多样性。

在院落类型进行拆解或者重组的地方，架空步道、下沉的机动车道和每个体量中的室内走廊，共同创造了一种三维的空间秩序。这种空间体系可能使来访者感到些许困惑，但对于长期就读于此的学生却肯定是建立了一种舒适的复杂性：他们可以在脑海里臆想最有效的交通路线穿过综合体，找个地方喷涂他们的模型或者仅仅是

抽个烟休息一下。这种对于地面层的苦心经营，跟坎迪亚斯·伍兹（Candias-Josic-Woods）在柏林自由大学中所采用的网格状"铺垫式"策略有些相似，也让人联想起香港将地面层向空间进行三维拓展的复杂城市交通体系。

一期建筑主要是一系列的教室或工作室，由一条中央脊轴串联而成，外围环以一条（时而）开敞的走廊；二期建筑对于室内和室外的空间定义则更加模糊。室外步道在不同的位置转折切入建筑立面，变成室内走廊；室内坡道透过厚重的砖砌镂空隔墙与室外相望。交通空间和使用空间交错复杂，如同一座重构和异化了的明代花园。在此，王澍明显地参照了传统的建筑形式——连绵折叠的屋脊线让人想起传统的坡顶建筑——对于传统经验的重构总是使建筑显得更有气质。真正使得整个校区丰富的是空间的复杂性，而不是时而出现的流行开窗方式。

散布在校园间的一些小亭子，毗邻于大教学楼，展现了一种实验性的形式主义，王澍和业余建筑似乎在测试当地施工队在一种更小尺度上的建造能力极限。这些小亭子形式奇异、野心勃勃，通过对比显得二期的主要建筑更加直截了当。建筑师似乎在实验和发展他们自己一套独立的形式语言，这种语言还将持续出现在后来的项目当中，如宁波五散宅和杭州中山路步行街。

中山路步行街，2007-2009 年，中国杭州

象山校区显示了业余建筑在创造新校区这样宏大尺度的项目上的设计能力，而中山路项目则展现出他们面对一个承载着厚重历史的现存城市场地和任务，如何介入和解决难题的能力。在这一肩负着复兴城市中南宋御街使命的项目中，王澍选择了一种微妙的修复来转化这条道路而不抛弃它的历史。随着年代变迁，中山路成为一种不同风格建筑的奇异组合：清代店面毗邻共和国时期的新古典建筑立面，时而穿插几栋"苏联"风格的住宅和厂房等。充分认识到这种多样性和差异性给这条街带来的独特气质和历史气息，业余建筑保留了大部分现有建筑，将他们的设计限制在一些零星的亭子加建和更重要的街道表面（景观）处理。之前的柏油马路改成了斧凿毛石路面，中间穿插若干清渠，侧边附以花池，街树遮阴，石桥交错，从而扩展成更大的滨水景观。

清渠的设置明显鼓励了人们的步行穿越——众多连桥使人们可以来回穿行于不同的路线而不重复。水浅而安全，儿童可涉水玩耍。清渠还有效地将街道中的主要客流与紧邻店面的次一级客流隔离开来。这么做的优点是紧邻店面创造了一系列小空间，可摆放茶几或半开敞的室外货架等。这种对于客流的分隔，在主要步行客流之外增加了购物的随意性和休闲活动。

这些清渠还引起人们对杭州城和长江三角洲历史的遐想。杭州位于京杭大运河南端，周边拥有大量的水乡城市，因此在这种以河运为主要经济驱动力的漫长历史中，杭州成为重要的行政和经济中心。城里原有的历史河道多数已被填埋，用以拓宽马路，因此在这里使用清渠是一种对深远历史的回应，同时提供一种与相邻街道之间的视觉/听觉隔离和炎炎夏日里清凉的小气候。

街道的步行尺度源自历史遗留的宽度，这要归功于建筑师与规划部门所作的谨慎商讨。尽管这宋代御街本来宽到足以通行车马和偶尔的游行，王澍却引入若干亭子建筑，进一步减小空间尺度，将街道原本严格的直线关系转化成更像是一种蜿蜒的小路。

这些厚重的、充满肌理的小亭子，由素混凝土、传统木板和回收砖瓦建成，它们将街道的空间打碎成更易感知的片断。虽然每个亭子各不相同，但是它们采用同一种形式语言，因此整个长条形的更新项目，通过形式和材料的运用被统一起来；如同屈米运用一系列红色的小亭子将整个拉维莱特公园的设计统一起来——各不相同，却源自一派。

设计师将街面处理成清渠、花池、座椅等，还将若干突出的小亭子植入街道空间，这些举措在局部层面上成功塑造了独特的小尺度公共空间；在整条街道穿过鼓楼城门的最南端，王澍则致力于创造一个大尺度的公共广场空间。在城门之前，一座中世纪的教堂和新建的厅堂，围合了一个带有水景的大广场。如果没有这座厅堂，这宜人的广场将紧邻城市的高架快速路；这厅堂看似没有专门功能，它的坚实体量足以减少步行街以外的噪声和浊气。老鼓楼城门为步行街提供了一个清晰的终点，从此遁入外面熙攘的现代都市。

宁波历史博物馆，2003-2008 年，中国宁波

　　业余建筑工作室的多数声誉，至少在西方，源自他们的宁波历史博物馆。这座建筑通过各种出版物获得了无数赞誉，主要关于它的砌满砖瓦的立面；这些砖瓦是从这个区域里拆除的旧建筑中回收而来，铺砌的时候，建筑工人可以随意选择和落位这些砖石，完全符合当代关于"有机"纹理和随意性的设计态度。通常这些砖瓦是人们分析和审视这座建筑的关注点，但是同样有必要提及混凝土的运用——王澍的一个很强的能力就是对于材料和技术的局限性了如指掌，当博物馆的立面局部往外切角倾斜出挑的时候，建筑的立面就是用竹模的混凝土浇筑而成，而砖瓦则用于垂直部分的立面，这样它们的建构逻辑更为合适，当然也更容易建造。材料回收再利用在可持续发展方面的好处毋庸置疑，并且该建筑的魅力在很大程度上源自其震撼人心的立面，但是这座博物馆对于历史的态度较之于简单的再利用建筑材料要来得更加微妙。其真正的建筑力量源自其形体。

　　博物馆坐落在当代中国十分典型的城市景观：两旁行道树齐列的城市道路明确地划分各功能用地。博物馆的一边隔着马路是政府大楼，另一边紧邻一片公园。这个街区远离宁波老城中心，表面上是南部新中央商务区的行政中心，但是周边街区似乎发展尚不完善。建筑第一眼看来，就是大片景观中的一个雕塑体。

建筑突兀的形体这样阅读：有角度的切割完全是当代的手笔，可能是任何一款流行建模软件都有的布尔运算的结果。作为一个雕塑体，它给人印象深刻，但不仅局限于一个简单的形式的操作。我们可以想象一系列的图示来表达这形体是如何从一个理想的矩形体量发展而来，在有室内采光要求的地方切出中庭，或者城市景观视线有要求的角度和位置进行水平向的削减；削切显然发生在特定的位置和方向上，以优化室内空间的尺寸和规模，从而容纳各种功能，如画廊、报告厅、咖啡茶座等。由削切和翻卷所产生的建筑形式，以及建筑的垂直立面向外自然倾斜等，都是对这种撕裂感所产生的形体应对。这些形式操作都服务于一个更重要的目的：通过斜切，建筑的形式不再是理想的由平面垂直升起的体量，纪念性的尺度被打散——在群众可达的屋顶景观——重新创造了一种人尺度的中国传统村落。

这些斜切的空间成一定角度穿插在建筑体量当中，所产生的斜屋面让人回想起传统建筑形式；斜切空间的尺度正好再创了人行街巷的空间尺度；这些穿插交错的实体和空间在屋顶层（以一种现代派之前的都市主义的尺度）创造了一种城市平面，从而引用和再创了中国古典的空间体验。这种对现代之前的中国的古典尺度的重构可能是这个博物馆的诸多主要吸引力之一（因为参观者受到了失落

文明的提示），犬儒主义者可能会说，这种传统城市形态的重构被置于建筑实体基座上的屋顶景观部分——被保留却荒废了——成了这座历史博物馆永久收藏的终极展示。

同时，空间的削切也起到框景的作用，将人们的注意力引向周边中央商务区的建筑群。有一道主要的削切制造了一步宽阔的室外楼梯；或可读成一个报告厅，将远处的塔楼置于舞台——一种对于中国飞速城市化发展的奇特现象的关注。

空间削切不仅限于屋顶层面，还切入建筑室内。建筑的平面围绕着两个庭院进行组织（一个室内，一个室外）——但是还有几部大楼梯切入建筑，和建筑体量中其他元素（如院落步道等）的穿插结合一起，使得观者可以通过不同的路径穿越建筑室内。这让人回忆起象山，还有类似于象山的材料运用——回收的砖瓦、竹模混凝土、还有槽型玻璃——代表了一种传统和现代的情感综合。

通过材料的选择和形式的拿捏，王澍创造了一项惊人的工作，通过风格的重叠和创造性的采用源自传统中国建筑的形式策略，浓缩了历史。作为空旷景观中的一座独立的标志，也作为一种对于失落的行人尺度的都市主义的一种展示，这座建筑同时还是一个雕塑体和所在场景：建筑和都市主义，过去和现今，合并成一种空前的成就。

作者后记

　　作者后记："新的（建筑）方言"一说似乎日趋明晰，在本文写作之后，2012 年 8 月 9 日的纽约时报上刊登一篇文章也提到，哈佛大学设计研究生院的院长莫森·莫斯塔法维（Mohsen Mostafavi）认为："王澍的作品完全有可能被看成是一种新的（建筑）方言。他扎根于现代主义。他的作品根本不是中国建筑或者西方建筑的简单复制品，而是这两种不同情感的有机融合。"[2]

[2]Perlez, Jane. "An Architect's Vision: Bare Elegance in China". *The New York Times*. August 9th, 2012. <http://www.nytimes.com/2012/08/12/arts/design/wang-shu-of-china-advocates-sustainable-architecture.html>

25
Firenze: Santa Maria Novella, Cappella
degli Spagnoli. Cristo porta la croce sullo
sfondo di Gerusalemme, di Andrea di Bo-
naiuto (erroneamente attribuito da Jean-
neret a Lippo Memmi).
Matita e acquerello su carta con scritta:
«Affresco di L. Memmi agli Spagnoli. Fi-
renze sett. 1907 Ch.E. Jt»; cm 16×20,7.
(Firenze, fine sett. 1907)

37
Firenze, Corte del Bargello.
Mina de plomb, inchiostro e acquerello su
carta canson con scritta «Corte del Bar-
gello. 1300. Firenze ott. 1907», cm
22×21,4.
Non firmato.
(Firenze, primo di ottobre 1907)

31
Firenze: Santa Croce, Ascensione di San
Giovanni, di Giotto.
Matita e acquerello su carta con scritta
«1317 Giotto Affresco di S. Croce», cm
20,2×38,3.
Non firmato, non datato.
(Firenze, dopo il 20 sett. 1907)

吴良镛论绘画

Wu Liangyong on Painting

整理 / 高　冬

　　一般来说，建筑师把习画作为建筑学习的一部分，即训练徒手画的表现技巧，以得心应手地表现建筑的构图、质地、光影，以及自然环境等。这方面奥妙无穷。只要看一看梁思成、杨廷宝、童寯等先生的建筑画，以及西方建筑师的草图（例如宾夕法尼亚大学建筑档案馆所藏的路易·康等人的手稿，1987 年在巴黎蓬皮杜中心举行的柯布西耶百年展陈列的他早年意大利之行的速写与水彩），你就不能不为其飞动的线条、斑斓的色彩背后闪现的灵感与创作思想所感动。现代的制图工具与计算机技术发展很快，甚至达到了准确如实物摄影的程度。但对比前辈大师，现在建筑学人中徒手表达能力有削弱的趋势，对此，我感到困惑。就我个人来说，并不满足于建筑表现技术的学习，而是希望从习画中加强对艺术和文化的追求。我发现有些以建筑为题材的绘画要比一般建筑画更富意境。例如，在西方一些大博物馆中几乎都可以看到描写威尼斯圣马可广场以及一些名都圣地的画，它不仅是建筑的表达，更是风情的记录。自文艺复兴后透视术的发明，表达建筑构想的画多了起来。有所谓"建筑幻想图"（architectural fantasias），例如，18 世纪 Piranesi 早期铜版画，德国古典艺术大师辛克尔（Schinker，身兼建筑家、画家、雕塑家、工艺美术家、

建筑教育家）把建筑、风景的描写与遐想以游戏之笔作舞台布景的构图，独辟蹊径；在中国，如《清明上河图》、《千里江山图》、《姑苏繁华图》等，一般我们也不把它作为建筑画来欣赏，而是看作当时城市文化和大地风情的写照与记录。由于对文人画的过分推崇，中国传统上有点看不上以表现建筑为主的"界画"，其实袁江、袁耀、仇英、蓝瑛等人的山水建筑画就是"中国式的建筑幻想画"，其环境意境、空间层次、虚实对比、与山水林木的结合等，颇能给习画者以启发。

　　建筑意与画意，意境与艺境的统一。建筑是科学，也是艺术，包括美的结构造型与环境的创造，梁思成先生称之为体形环境，因为自然界万物是有体有形的交响乐，对人居环境美的欣赏、意境的追求、场所（place，建筑术语）的创造，可作为人居环境艺术的核心方面。无论建筑设计还是城市规划与园林经营，都需要"立意"，讲求意境之酝酿与创造，讲求"艺境"之高低与文野。前人云"境生象外"，要追求"象外之象"、"景外之景"，而"象外之象"、"景外之景"不是凭空而来的，需通过观察体验，发掘蕴藏在大自然、大社会的文学情调、诗情画意加以塑造的。在这里有形之景与无形之境是统一的，建筑、绘画、雕刻、书法以至文学、工艺美

术的追求是统一的。明乎此，美术、雕刻、建筑、园林，大至城市规划、区域文化，美学的思考与追求和而不同，但它们是统一的。

人工建筑与自然建筑之交融。我对建筑专业有了较多的学习和实践后，更意识到建筑师的建筑观不能局限于单幢房屋，而应以更为开阔、更为宏观的视野，广义地理解建筑。建筑师面对的是人和自然，因此建筑的世界当以"人工建筑"（architecture of man，如房屋、街道、村镇等，无一不是建筑）为本，与"自然之建筑"（architecture of nature，树木、山川等一切自然环境的世界）为依归，融为一体。在此，"建筑"二字已非一般房子的含义，应是广义的建筑，这两者是如此的密不可分，可通称为"人居环境"。建筑师的终生追求，不仅要深入人居环境科学，还需对人居环境艺术，对蕴藏其内的艺术的规律，做力所能及的、较为全面的涉猎与追求，予以整体的创造。因此，绘画以及全面的艺术修养的提高，就至为重要。

20世纪以来，绘画、雕塑与建筑互为影响，创新无限，例如包豪斯的出现，不只是新建筑学派的兴起，建筑教育的变革，而且是现代文化思想、绘画、雕塑、工艺美术、视觉艺术一系列新追求的综合现象之一。荷兰海牙博物馆收藏了一套蒙德里安（P. Mondrian）的画，可以看出它是如何从自然风景逐步演化为几何图案，后来又如何影响建筑的构图的。同样，建筑的艺术亦每每影响绘画与雕塑的造型。今天科学与艺术的结合前途更加广阔无垠。

人类社会追求的就是要让全社会有良好的与自然相和谐的人居环境，让人们诗意般、画意般地栖居在大地上。这是一个建筑师的情怀。我们这个星球的内容、色彩、情趣都要比我们常眼所见的丰富千万倍，设计者各自如能放开眼界观察自然，通过绘画及其他艺术，多一些文化修养，以谨慎的态度对待专业，就能少一些粗劣与平庸，我们的生存环境可能要宜人得多。例如，中国的园林艺术就是从大自然中移天缩地妙造而成的，从南宋的应试画题起，用文学的语言，激发绘画意境的创造。城市中的"十景"、"八景"（如西湖十景、燕京八景等），堪称世界最早的主题公园，更是大自然与人间情怀的交融，经过时间的推进，以及增饰、改造、洗练而成的风景名胜留传下来，至今仍有借鉴之处。但学者不能停留于此，依样葫芦，舍本逐末，更应读万卷书，行万里路，探源求本，

56
Siena: Piazza del Campo e Torre del
Mangia.
Matita e acquerello su carta con scritta:
«Siena / La piazza del Palio 2289-1305 /
Dopo la pioggia»; cm 15,7×18,3.
Siglato e datato Or: 1907 Ch.E.Jr.
(Siena, tra il 29 sett. e il 5 ott. 1907)

57
Siena: L'abside di San Domenico visto
dall'albergo Alla Scala.
Matita e acquerello su carta; cm
10,2×14,7.
Non firmato, non datato.
(Siena, tra il 29 sett. e il 5 ott. 1907)

59
Siena: Cattedrale, interno.
Matita e acquerello su carta con
scritta: «Siena / volta interno di Coro » e la
copolas» cm 20,6×21.
Firmato e datato 5 ott. 1907 Ch.E. Jones

73
Ravenna: San Vitale, capitello.
Matita e acquerello su carta con scritta
ott secolo / Ravenna S.Vitale / colonne di
porfido / capitelli scolpiti é / dorati. Volte
in marmi / rivestite il tono in mosaico
nel 1907 Ch.E.Jeannerets; cm 18,9×20.
(Ravenna, verso il 15 ottobre 1907)

即将枕外山川化为胸中丘壑，创造性的纳入规划设计中。我们希望人们珍惜、保护、创造自己的艺术环境，无知、刚愎自用只会毁坏这个环境。

这些年来由于计算机的进步，为建筑图的制作提供了极大的方便，制作建筑渲染图无论技巧、表现能力，都有了意想不到的提高。一般竞赛的建筑表现图几乎看不到大型的水彩渲染图，可能也出于同样原因，学生对水彩画练习的兴趣由于照相和计算机性能的进步，所应具备的建筑师的速写习惯也减退了。我个人对这种现象有如下的看法：

1. 对于计算机制图的进步与普遍地推广运用，这毋庸置疑。它的建筑艺术创作，也需要多方面的艺术修养。

2. 手绘建筑画的表现技巧并不因上述情况而否定。举一个例子：清华大学建筑学院前景观系主任 Laurie D.Olin（欧阳劳瑞），他是美国艺术与科学院院士，在传授他的园林建筑设计作品时最后总要放映他设计作品的水彩画表现图。我每次见到均颇为欣赏。这些表现图不仅技巧好，寥寥数笔对设计内容表现得淋漓尽致，并且他所表现的对象充满阳光和所在环境的空间层次感、色彩感给人以美的享受。这种诗情画意的表达、这种艺术境界的取得取决于美术修养，不是计算机制图所能达到的。

3. 照相技术的进步大大提高摄影水平，这为建筑师提供了方便，但照相机只是工具，关键要看建筑艺术修养。从建筑师使用它我注意到一种情况，尤其在旅游团组织越来越普及的情况下，日程安排很紧去很多地方，于是用照相机照了很多照片回来，这不是没有用，但作为建筑师速写这一环节却每每被略去了，这是很可惜的。

摄影艺术是特殊门类，照相机照观赏对象与建筑用速写的方式记录一个对象效果是不一样的。速写是通过眼的观察、取景、选择，然后再到用手记录下速写稿，成为一幅画。即使是最潦草的一幅画，它也是一幅画作，好的话它还是一件艺术品。即使是一幅不完整的艺术品，它也是对你观察的对象一个完善的欣赏练习过程，比照相记录内容充实多了、丰富多了。一个建筑的学习者如果失去了这个训练是可惜的，而且是无法弥补的。以我个人的经历为例，我跑过不少地方，有的作了速写，有的仅作了摄影甚至连像也未照，凡是作了速写的，至今几十年后甚至半个多世纪以后仍历历在目，而一般照相不免模糊甚至遗忘了。

高 冬：清华大学建筑学院副教授

武夷山水帘洞

设计与绘画艺术　The Art of Design and Painting

文 / 齐　康

公元前 1 世纪罗马建筑师维特鲁威在他所著建筑十书中提到建筑三要素，即适用、坚固、美观，说明建筑有审美的要求，是为建筑与艺术的结合。泛指建筑具有功能使用要求、技术经济要求和表现艺术要求。

在建筑、城市规划、风景园林三个一级学科都有美术课，设置素描、水彩等课程。说明学生学习专业要有"美"的训练，和培养审美的素养，从课程中感受景物落实在画面上的轮廓明暗、阴影、色彩等。是否再提高一步来分析训练的徒手动手能力，将对象落实到画面上成为从物到图的思维训练，再又从图到设计图，包括建筑方案设计到施工图，又成为从图到物，这种往返交往成为一种实践的过程。此过程中获得经验，也检验我们的设计正确与否。

建筑的美是从建筑外部环境到立面有美的比例、色彩、材质，以至于群体设计、城市设计和使用功能也是和审美融为一体。这种潜移默化对相关三个学科都很重要。城市规划中结合自然、现状、功能都有规律可循，都会得到一种完善，这种完善达到内在的协调。这协调的本身也是一种自然和人工美。

我们的老一辈建筑大家和李汝骅（李剑晨，著名水彩画大师）老师，他们长期从事教学工作。他们曾讲，一般审美好，动手能力强的，他们的美术水平都是很好的。杨廷宝老师、童寯老师、刘敦桢老师的水彩画和钢笔画表现能力都很强。谈到审美要求，在我年轻时替老师画插图给了我很大的教益，可以快速地将对象描述下来。色彩的训练，也使我们获得同样的好处。人们说：功能是基本的，而表现是首要的。

20 世纪计算机的发明促进了科学的进步，已成为现今设计非常重要的辅助设计。CAD 进一步，数字技术又更进了一步。在制图方面，总可以画出建筑、建筑群、城市总图，表现各个立面、侧立面，高层也可以画重复的平面，还可以画各种视角的鸟瞰和透视图，表现各种视觉效果，大大地提高了效率。同时，我们下工地与甲方及工人讨论工程实施的措施，交流自然就亲切得多了。

徒手绘画，不论速写、水彩画都能唤起对学习的记忆。我年轻时出去参观，画了很多的速写画，至今还能记住当时的情景。

不论用模型还是计算机都是训练我们空间思维的一种方法。当今不论教学还是工程实践都要做模型，这是必要的，让旁观者、管理者、领导有直观的感受。模型的制作也是一种训练——教学、工程训练。但最根本是空间设想和思维，培养空间感和想象力，不是一个简单的绘画问题，也不只是一种艺术表现。空间创造力从哪里来？不是从天上掉下来，也不是凭空想出来，而是我们实践必备的一种手段。

美是一种感觉，是一种和谐 (harmony) 一种使人感受的画 (pictures)，又能使人吃惊（excity）。对于建筑来讲是其体形、造型、细部及其相关环境，而艺术则是高一层的门类。领导艺术、军事艺术等，它可以涵盖美；出于人们的创作，它可以更上一层，如摄影艺术；但人的绘画艺术，当然更有价值了。

这次由全国高等学校建筑学学科专业指导委员会建筑美术教学工作委员会、中国建筑学会建筑师分会建筑美术专业委员会、中国建筑工业出版社与东南大学建筑学院联合主办的《筑·美》即将出版，预祝他们成功，使师生及爱好者从中得益，并对我国的建筑、规划、园林事业的发展作出贡献。

齐　康：东南大学建筑学院教授、中国科学院院士

上海外滩
万家灯火

铁道边
四川峨眉山风光

雨后校园
雪中村落

山路
九寨沟瀑布

玫瑰 /250mm×340mm/1926 年

设计与绘画的人生——
记杨廷宝的水彩画艺术

The Life of Design and Painting—
on the Art of Yang Tingbao's Watercolor
Paintings

文 / 赵 军 　 史 今

杨廷宝（1901—1982 年）是我国著名的建筑学家、建筑师、建筑教育家。早年留学美国，1921 年进入美国宾夕法尼亚大学建筑系学习。1924 年获得硕士学位，之后在美国费城克芮建筑设计事务所工作。1927 年回国加入天津基泰工程司工作，直至 1948 年。自 1940 年起兼任中央大学建筑系教授，1949 年后历任南京工学院（现东南大学）建筑研究所所长、江苏省副省长、中国建筑学会理事长、国际建筑师协会副主席、中国科学院技术科学部学部委员。杨廷宝先生从事建筑设计事业 50 多年，执教 40 余载，参与和指导的建筑设计达 100 余项，为我国建筑事业的发展作出了卓越贡献。

杨廷宝先生主持设计的主要作品有：京奉铁路奉天总站、北京交通银行、南京中央医院、清华大学图书馆扩建工程、南京中山陵园音乐台、沈阳东北大学、北京和平宾馆等。他还参加过北京人民大会堂、北京火车站、北京图书馆（新馆）、毛主席纪念堂等工程的方案设计。

杨廷宝先生不仅在建筑设计事业上取得了非凡的成就，更有着深厚的艺术造诣。杨老早年在西方受到严格的古典绘画训练，这为他以后的建筑设计与艺术创作打下了坚实的基础，他在游历各国与进行建筑设计的实践中，积累了丰富的创作素材与艺术灵感，这些经历共同造就了杨廷宝先生独特的绘画风格与崇高的艺术修养。我们从杨老保留下来的水彩画作品中可以看到。他描绘的对象有在留美时的宾夕法尼亚大学校园，到访问欧洲

时的罗马斗兽场，再到归国后北京的紫禁城、江南水乡等题材。杨老画水彩的背景是世界性的，他以广阔的视角描绘建筑，抒发对建筑的热爱；杨老不喜欢夸张的炫技，更多的是真实记录建筑风貌。但在杨老朴实的画中，又可以感受到他对色彩画深厚的理解与运用。

杨老在水彩画的构图上讲究提前构思，画作尽量避免反复裁剪或者修改，倾向于一次性完成。在选定创作主题组织画面上，下笔之前就考虑好所要描绘的对象在画面中的比例大小，远、中、近景的布局，以保证构图合理与美观。他认为这种严格的训练，对建筑师来说，很有用，很必要。

虽然在构图上，杨老强调建筑师应当具备严谨的态度，但在笔法的运用上却要灵活。他认为写生时的关键是抓住事物的第一印象，在时间仓促的情况下，不必太在意轮廓的精准，但一定要表达出一种艺术气氛。这种对艺术感受力的培养不是一蹴而就的，必须假以时日坚持训练，在不断的写生中培养对建筑的感受力，再将这种对建筑的感觉应用于设计与创作之中，这样的作品才是有生命，有灵魂。

水彩画最重要的就是色彩的运用与处理，在这一点上，杨老没有限定。他认为色彩的表达应符合个人的习惯与喜好，有的人喜欢冷色调，有的人则喜欢暖色调；有的人用色简单明快，有的人则浑浊厚重。无论色彩的选择如何，关键要体现出个人的意境神韵，表达真实的

玄武湖 /210mm×310mm/1957 年

北京故宫钦安殿后身 /230mm×300mm/1962 年

威尼斯小河 /300mm×460mm/1926 年

北京故宫 /300mm×430mm/1964 年

苏州园林 /130mm×280mm/20 世纪 60 年代末

情感。杨老认为，绘画与写字一样，在一定程度上反映人的个性。同样的创作题材用同几种颜色作画，各人画的画仍然不尽一致，这也正是绘画艺术的魅力之所在。

当然，在色彩运用的技法上，杨老有着丰富的经验。在赤、橙、黄、绿、青、蓝、紫色轮中，取相近的一段作画，画面容易协调，但对比不强，整体感觉欠精神；反之，对比效果会很强烈，但画面不易统一。在水彩画中，对颜色的探索很有学问，杨老认为应当掌握色彩运用的基本知识，理解色彩的规律，然后结合自身的创作特点灵活运用。在杨老的画中可以看到，他喜欢用透明色，在高光处加点白粉，整体感觉清爽纯净，就如杨老其人，亲切儒雅，谦逊平和。

"绘画是一门艺术。艺术应该有强烈的感染力。画家要表现好自然，首先得有热爱自然的激情。"杨老特别注重丰富自身阅历，经常出游；他认为要多看多画。除了勤勉练习外，还应当多看别人的画，汲取大师的创作灵感与风格。许多国外的水彩画家对杨老都有深刻的影响，他在不断的吸收与实践中，造就了杨廷宝先生独具一格的绘画风格。

杨廷宝先生不仅是一位杰出的建筑设计大师，更是一名优秀的艺术大家。他的水彩画作品是一份珍贵的艺术遗产，一份超凡的视觉享受。杨老对建筑设计与艺术创作事业孜孜不倦的追求与探索，值得我们每一个人学习。杨老虽然离开我们三十余载，但他的精神依然永存于世。

赵　军：东南大学建筑学院教授

费城兰斯道尼小溪 /270mm×360mm/1923 年

威尼斯圣马可大教堂 /460mm×300mm/1926 年

李老 99 岁近照

近现代中国建筑艺术中的美学大师——李剑晨

The Contemporary Artistic Master in Chinese Architecture – Li Jianchen

文 / 李 文　　王 萌

　　在大师辈出的东南大学建筑系（原中央大学建筑系），和杨廷宝、童寯等建筑设计大师比肩的还有一位不可或缺的艺术大师李剑晨教授，他们一起为新中国培育了一大批建筑设计的栋梁之材。开创了一个时代的辉煌。

　　李剑晨（1900—2002 年），出生于河南省内黄县，著名水彩画家、中国画家和建筑美学教育家。他在普及、推动和振兴中国水彩画事业上作出了卓越的贡献，是开拓中国水彩画之路的先驱之一，被誉为"中国水彩画之父"，其在建筑美学教育方面的巨大贡献，至今深深影响中国建筑界。

　　李先生早年毕业于北京国立艺专，是 19 世纪我国留学英、法的首批艺术家之一。"抗战"爆发时从欧洲回国，在国立艺专（现中央美术学院）任教务长兼西画系主任，1941 年后在中央大学任教授终身。 从事美术创作、美术教育达 80 年之久，其中在建筑领域从教 61 年，为我国建筑和美术事业培养了几代人才，桃李满天下、佳作迭出、著述盈丰。早在 20 世纪 50 年代，李先生所著《水彩画技法》一书，就开始影响中国大陆、中国台湾、中国香港水彩画爱好者，同时，该书也影响了东南亚一带水彩画爱好者，其在中国香港即再版 12 次，成为青年爱好者的必读范本。同时，他不仅创建了一整套水彩画理论，在他的带领下，还造就了一个水彩画群体，中国水彩画开始走向世界舞台。李剑晨先生还不懈地探索水彩画与中国画的结合，创作了独具一格、中西交融的中国画作品。其作品流传于海内外，被诸多美术馆、博物馆珍藏。他

所参与奠定的中国建筑美学基础、美学教育法严谨、科学、培育了新中国几代建筑师。

　　李剑晨先生于 1999 年荣获第二届"全球杰出人士暨中华文学艺术家金龙奖——艺术大师奖"，2006 年 6 月又获中国文化部、中国文联、中国美术家协会颁发的中国美术最高奖——首届"金彩成就"终身奖（全国仅八位）。他还曾任国际水彩画联盟理事、亚洲画会主席、澳洲美协名誉主席、中国水彩画会主席、江苏省美协副主席、江苏省水彩画学会会长、江苏省政协委员、南京工学院（现东南大学）九三学社主任委员等职。中央电视台曾为其拍摄了"东方之子——李剑晨"专题片。

　　李先生在年轻时就多次将作品义卖赈灾，在其百岁前后将其毕生佳作分三批捐赠给了家乡河南省、第二故乡江苏省和南京市人民，并分设了《李剑晨艺术基金》，以嘉奖在水彩画创作中卓有建树的年轻画家。

　　在西方教育体系内，建筑设计不属于工科，而是作为艺术的七大门类之一设定的，因此，但凡是建筑设计师，同时也都是艺术家，好的设计师都有娴熟的绘画技巧。许多著名的绘画大家、雕塑家，也同时是建筑师。建筑师和艺术家是相通的，他们都创作出许多流传百世的建筑杰作。

　　我国过去的教育体系，也是参照西方教育体系设置的，因此过去的建筑设计专业，都必须系统地学习绘画，素描和水彩画是必修科目，有些年甚至把美术作为入学考试科目之一。著名建筑大师杨廷宝、童寯等，无一不

水乡

天坛

艺术欣赏

是技法娴熟的水彩画大家。

水彩画由于其简便易于携带、轻快明晰及对环境色彩的相互作用要求甚高的特性，其一直和建筑设计有密不可分的联系，而建筑设计图中的渲染图和水彩画绘制又有着一脉相承的关系，因此建筑设计专业一直十分注重水彩画教学工作。当年中央大学校长即专程特邀留学英法的国立艺专西画系主任（即中央美院西画系主任）李剑晨先生前来中央大学建筑系执掌教鞭。李先生留学英法，专攻水彩和雕塑，当时即是国内著名的水彩画家。辞去国立艺专工作后，李先生来到中大建筑系任教，直至终老。几十年里，李剑晨教授和杨廷宝、童寯、刘敦桢等教授结为良友，共同努力，为新中国培育了如吴良镛、齐康、钟训正、戴复东、程泰宁院士等一大批建筑大师，这批建筑设计师除了在建筑设计专业上堪称业内翘楚，也个个都画得一手好素描、好水彩画。尤为引人注目的是，这批建筑师出身的水彩画家的美术作品除了绘图技艺精湛、色彩优雅外，在构图和透视上，均十分精准专业，是普通水彩画家难以望其项背的，这和李先生严格的教化是分不开的。童寯先生曾说过："我见过太多水彩画，唯有李剑晨先生的透视画得最准！就像我们建筑图透视求出来一样。"这大概就是专业和非专业之分吧。

由于多年来美术课中素描和水彩画一直作为建筑设计专业的必修科目，全国各建筑院系就俨然成了中国水彩画家的摇篮，大批水彩画家都出自这里。近年来，国内电脑绘图渐渐取代手工绘图，素描和水彩画教学也渐渐式微，令人扼腕叹息。

作为建筑师，扎实的美学功底是成为出色的建筑师必不可少的先决条件。首先在方案构思时，除了满足其功能、各种规范及经济要求外，就是外观和内在的"美"了，它包含建筑寓意、构图、形体、对比、均衡、协调、

个性、色彩等因素。不管人工绘图还是机器绘图，美学机理是一样的，同样需要扎实的美术功底、审美水平和情趣，对美的观察力和表现力从建筑设计上一目了然。电脑绘图固然很快很便捷，但还是要人去操纵。缺少美术功底的人，如何能画出优秀的建筑方案和优美的效果图？近年来，随着人们对返璞归真理念的崇尚，手工绘制的建筑效果图又成新宠。所以，练就一手漂亮的水彩画加马克笔效果图成为年轻建筑师向往的目标。要成为杰出的建筑师，必须脚踏实地地培养良好的美术素质。

李剑晨先生不仅在学术上出类拔萃，在人品上也是令人崇敬，美术界称其为"三高老人"，即德高、艺高、寿高。香港中旅一位老总是其过去的学生，曾说：李先生带我们建筑系学生外出写生时，自己都是提前两小时到外景地，选定各个方位，找好最佳取景，然后坐在小画凳上，静静地等待学生到来。先作示范画，之后一一安排妥当，待同学进入状态后，一个一个轮流辅导。对画得较好同学不断鼓励夸奖，使人更加起劲；对绘画基础较差的同学，略加点拨，在其画上稍加几笔，画面立刻起死回生，使同学顿生信心……改完一圈又接一圈，就这样一轮一轮地看图、改图，直到下课时间到，学生们都先后走了，李先生才清理一下地面，最后离开。李先生的水彩课十分受学生们的喜爱，因此，那些远在世界各地的学生们，不管地位多高、名声多大，到南京来，都要去看望他们尊敬的、爱戴的李老师。李老师的勤奋、严谨、敬业、开朗、幽默、平和、淡然、光明透彻等人格魅力，永远留在我们学生的心中！

李先生已经离开我们十年了，然而，他所付出的一切努力，在中国建筑史还是留下了不可磨灭的光辉。

晨——人民英雄纪念碑在建设中

雨中——南京工学院大礼堂

故宫一角

夜半钟声到客船

中流砥柱

杭州黄龙洞

建筑设计手绘图—— 张永和作品选

Architectural Sketches and Drawings

张永和：

美国建筑师学会（AIA）会员

非常建筑主持建筑师

美国麻省理工学院（MIT）建筑系教授

普利茨克奖评委

南京工学院（现东南大学）和美国保尔州立大学建筑本科，伯克利加利福尼亚大学建筑系建筑硕士。美国注册建筑师。北京大学建筑学研究中心创始人。2002年美国哈佛大学设计研究院丹下健三教授教席。

自1992年起，开始在国内的建筑实践。曾在一系列国际建筑设计竞赛中获奖，如1987年荣获日本新建筑国际住宅设计竞赛一等奖第一名，美国《进步建筑》1996年度优秀建筑工程设计奖，2000年获联合国教科文组织艺术贡献奖（表彰在视觉艺术领域突出和有创造性成就），柿子林会馆荣获2004年度"WA中国建筑奖"优胜奖及美国《商业周刊》/《建筑实录》建筑设计奖，河北教育出版社荣获2005年度中国建筑艺术年鉴优胜奖等。2006年获美国艺术与文学院建筑学院奖。

自1997年起出版多本专集和作品集，如2006年，中国台湾出版《建筑动词》；2003年，英/法作品集《Yung Ho Chang / Atelier Feichang Jianzhu: A Chinese

Practice》；《平常建筑》；《非常建筑》等。多次参加亚洲、欧洲、美洲等地举办的国际建筑及艺术展，其中主要包括：1999美国纽约尖峰艺术"街戏"个展；2002年，美国哈佛大学设计研究院"丹下"个展；2003年，法国巴黎市现代艺术博物馆"影室"建筑/影像三人展；2004年，日本"间"画廊"承孝相、张永和展"；2000年（建筑）、2002年（建筑）、2003年（艺术）及2005年威尼斯（艺术）双年展；2007年，美国麻省理工学院"发展——张永和/非常建筑设计展"；Victoria和Albert博物馆John Madejsk花园的装置——塑与茶等。

主要建成建筑作品：席殊书屋、北京中国科学院晨兴数学楼、北京怀柔山语间别墅、北京水关长城建筑师走廊二分宅、河北石家庄市河北教育出版社办公楼、北京昌平柿子林会所、吉首大学综合科研教学楼及黄永玉博物馆、韩国坡洲书城、北京用友软件园一号研发中心等工程。

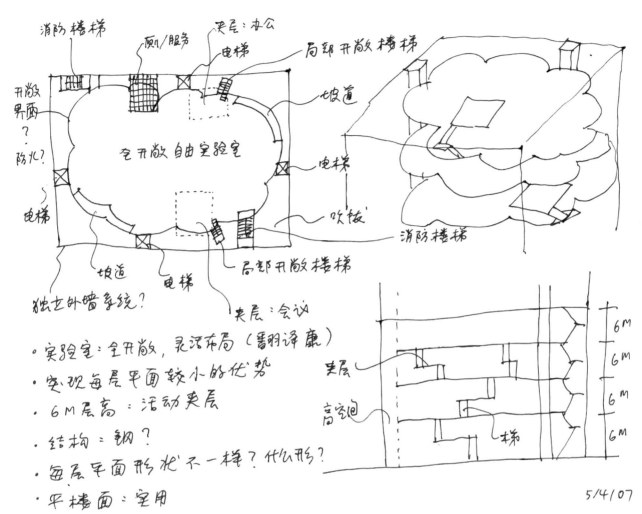

消防楼梯
顶/服务
夹层：办公
电梯
局部开敞楼梯
开敞界面
？
防火？
宅开敞 自由实验室
坡道
电梯
电梯
吹拔
消防楼梯
独立外暗系统？
坡道
电梯
局部开敞楼梯
夹层：会议
局部开敞楼梯

• 实验室：全开敞，灵活布局（書翻译廉）
• 实现每层平面较小的优势
• 6M层高：活动夹层
• 结构：钢？
• 每层平面形状不一样？什么形？
• 平楼面：实用

夹层
高窗
梯
6M
6M
6M
6M

5/4/07

上海世博会 - 上海企业联合馆

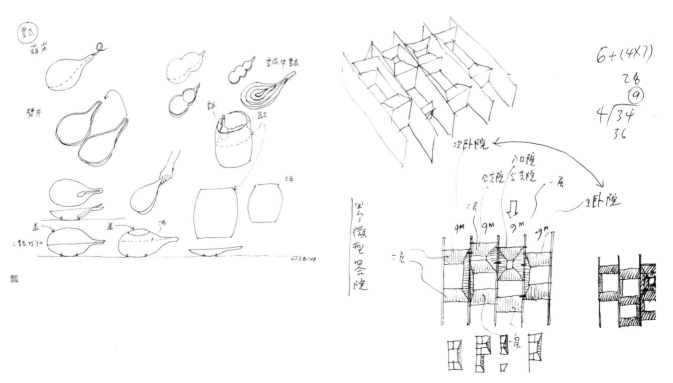

云瓜
葫芦
劈开
瓢中瓢
瓢
云瓜
缸工
盖
盖
二瓢咕扣

黑微型墨院

6+(4×7)
28
@
4/34
36

次卧院
入口院
会友院 公共院
一层
二层
主卧院
二层
9M 9M 9M 9M

瓢

4/28/08

白鹭湖别墅

横剖面

底层

夹层

5 1 2M

5 1 2 4M

5 1 2 4M

纵剖面

上层

顶层

5 1 2M

5 1 2 4M

5 1 2 4M

40-3

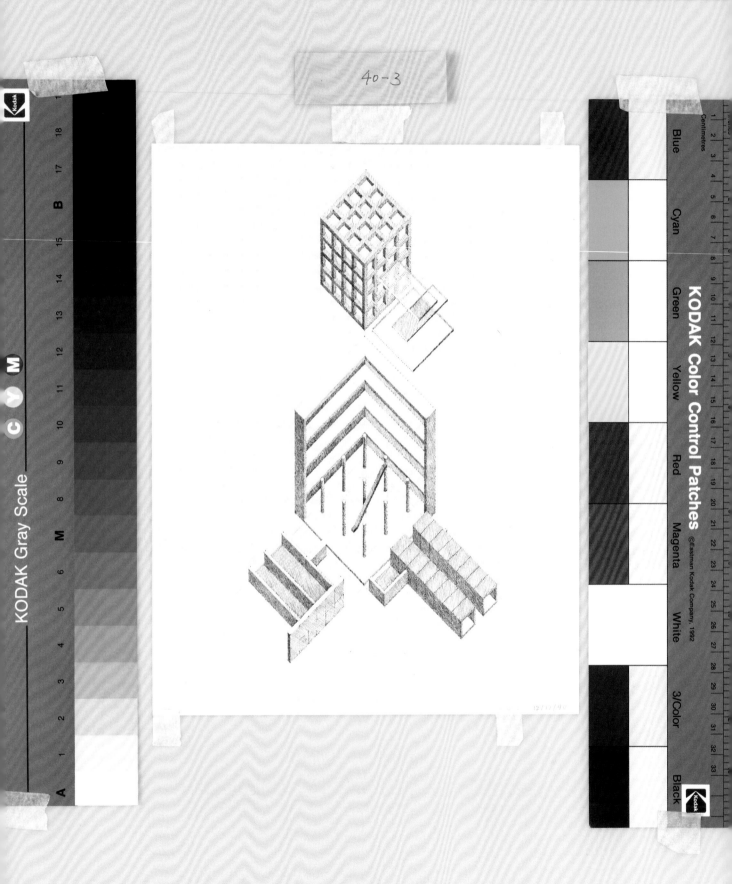

图书馆（竞赛）i 约 2000—2001 年

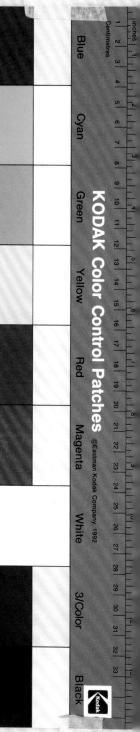

饮水思源——清华大学美术学院建筑美术发展概况

Drinking Water with Remembering its Source－the Introduction of Fine Art Education in Academy of Arts and Design, Tsinghua University

文/程 远

一、溯源

近代建筑学，源于 14 世纪的意大利文艺复兴，当时已呈现"学院"的端倪。

到了 17 世纪，欧洲格局发生了巨大变化。法国在"强权武力"政策指引下，一跃而成为欧洲霸主。随之在巴黎，设立了一批有关科学、艺术性质的学院。这种新型"学院派"的诞生，不仅标志着欧洲的艺术中心从意大利转移至法国，同时也表明社会专业分工进一步细化。

法国巴黎美术学院（后分支出多个建筑学院），属于世界上近代以来最为权威、划时代、集大成、承前启后的建筑教育体系，它的影响不仅仅限于欧美地域，还波及全世界。

巴黎美院建筑教育模式，属于"古典"性质。坚持依据古希腊罗马的建筑样式为楷模，热衷追求建筑外部造型的艺术性。也由此，巴黎美院建筑教育体系以美术为切入点，每位入校学生都要经受严格的素描、水彩、渲染训练，借以提高造型及审美能力，进而展开对建筑空间与功能方面的设计。

中国建筑教育体系建立很晚，萌发于 20 世纪 20 年代。

中国建筑学开拓者梁思成、杨廷宝，都曾留学于美国宾夕法尼亚大学。而宾大承继了法国巴黎美术学院的教育模式。从而导致，中国几乎所有的建筑院校也将遵循这一教育模式，注重研习画法几何有关投影和光影的知识；注重研习建筑的顶部、柱式、平面、立面、比例关系及其整体构图规律；注重提高绘画和渲染图的表现力。同时，梁思成也把"包豪斯"的某些动手、工地实习机制引进到了清华。

二、清华大学建筑美术的各个发展阶段

　　清华大学建筑学院美术研究所，是一支拥有优良传统和雄厚实力的美术师资队伍，在国内外均有一定影响。这里有中国第一代留学海外的艺术大师；名师名校培养出来的著名画家、雕塑家、工艺美术家；也有新一代优秀的画家、雕塑家。60余年以来，他们不但自身创造出许多精美、有影响的艺术作品，同时，还教书育人，培养了一批又一批艺术修养深厚美术造诣精湛的优秀建筑师，积累了丰富的教学经验，为我国高等建筑专业的艺术教育事业，起到推动和促进作用。

　　下面，按历史阶段分别给予介绍。

第一阶段：1946—1948 年

　　1946 年 7 月，清华大学建筑工程学系正式成立。教程采取英美所沿用的法国巴黎美院教学法，并参照德国包豪斯方法，教师 4 名，学制四年。

　　1947 年，全系教师增至 11 名，并引进美术老师。其中莫宗江（建筑）、李宗津（绘画）[1]负责学生的素描、水彩课程。1948 年，又有毕颐生（建筑）、徐沛贞（雕塑）加入美术课程工作。

第二阶段：1949—1951 年

　　1949 年 6 月，建筑工程学系改名为营建学系，教师 16 名，学制四年。美术老师有：李宗津（组长）、高庄[2]、徐沛贞、李斛[3]。

　　1950 年，美术老师高庄、李宗津、徐沛贞参与了国徽设计工作。方案中选后，由高庄负责修改定型。

　　1951 年，王逊（美术史）参与工作；同年，常沙娜[4]在系工艺美术组任教（林徽因给予指导，并参与景泰蓝设计）。

第三阶段：1952 年—"文革"

　　1952 年，全国院系大调整，营建学系改名为建筑系。下设：建筑设计、建筑历史、建筑工程技术、建筑美术、城市规划五个教研组。学制调整为六年，由于建筑设计手绘的重要性，美术教学跨度为三年。

　　此段期间，美术老师有（以进入时间为序）：徐沛贞、宋泊[5]、吴冠中[6]、华宜玉[7]、程国英、曾善庆、王之英、关广志[9]、康寿山（国画）、王乃壮[10]、于学信、郭德庵（雕塑）、傅尚媛、吉信（雕塑）、梁鸿文（建筑），平均学年教师十名。

　　课程包括：素描、水彩、渲染及美术史理论。教学深受苏联影响，尤其推崇契斯恰柯夫教学体系，追求光影写实的严谨性。例如：素描画幅最大时，学生要描绘整开纸的摩西、罗伦佐全身石膏像。

　　水彩教学在全国形成特色。

1

李宗津
著名油画家
1947—1952 年
在清华大学
建筑系任教

2

高 庄
著名雕塑家
1949—1952 年
在清华大学
建筑系任教

3

李 斛
著名国画家
1948—1951 年
在清华大学
建筑系任教

4

常沙娜
原中央工艺
美术学院院长
1951—1953 年
在清华大学
建筑系任教

第四阶段：1978—2008 年

1978—1984 年，梁鸿文为美术教研组主任。美术教学跨度改为二年。

1984—2008 年，刘凤兰为美术教研组主任。

1988 年，建筑系改为建筑学院，美术教研组也改称为建筑美术研究所。

先后教师有：华宜玉、王乃壮、郭德庵、梁鸿文、刘凤兰、张歌明、王忻、程远、周宏智、石宏建、程刚、王晓彤、高冬、王青春。

清华大学建筑学院美术研究所，是为培养"建筑人才"而设立的，属于"建筑学"（现拓展到城市规划学、风景园林学）专业的基础教学课程。课程内容包括素描、色彩、线描、素描实习、色彩实习、钢笔淡彩实习、建筑模型实习，以及各位老师开设的理论选修课。其教学内容与实习，都是围绕着与"建筑"相关专业的造型基础、艺术素养及审美能力的提高而展开的。

建筑美术系列课程的教学方法，遵循"深入浅出、循序渐进"的方式，讲授美术如何入门和怎样深入完善的各种有关知识，及其提高学生的审美判断力。并通过基础训练指导与示范的手段，使同学在实践中有效地掌握具体的绘画造型与色彩的表现能力。同时依据艺术理论课程，拓宽学生眼界、激发想象力及创造性思维。

如今，中国建筑美术教育系统已非昔日可比，以当下二百多所学校计算，每年有一万五千名左右的学生在接受建筑美术课程训练。在此局面下，中国建筑工业出版社为"建筑美术"开辟出新的学术交流平台——《筑·美》，以求起到形势大好的推波助澜作用。

当我辈在此平台谈经论道、各抒己见、大显身手时，请不要忘记那些在建筑美术领域开拓的先驱们，是在他们含辛茹苦、兢兢业业辛勤的耕耘下，我们才得以沿其脉络逐次壮大并获取发展的。

饮水思源，善莫大焉。

5
宋泊
雕塑
1952—1957 年
任美术教研
组主任

6
吴冠中
著名油画家
1953—1954 年
在清华大学
建筑系任教

7
华宜玉
著名水彩画家
1952 年起
在清华大学
建筑系任教

8
程国英
绘画
笔名程果
1957—1968 年
任美术教研
组主任

9
关广志
著名水彩画家
1953 年起
在清华大学
建筑系任教

10
王乃壮
著名国画家
1953 年起
在清华大学
建筑系任教

程 远：清华大学建筑学院教授

阅读与演绎：以建筑为资源的设计基础作业

Reading and Interpretation:The Basic Design
Courses based on Architectural Sources

文 / 邬烈炎

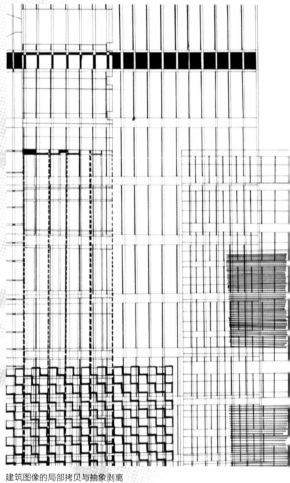

建筑图像的局部拷贝与抽象剥离

1

艺术设计与建筑设计有着太多的共同语言，既包含了技术方面的知识领域，更包括了艺术方面的形式范畴。

在与艺术设计的比较中，建筑作为一门特殊的艺术，作为一门综合性设计门类，更彰显出它的特有品质。建筑空间中包含了诗化词汇与哲学内涵，建筑形式又是诸多艺术流派与文化思潮的集散地，是风格、技术、手法的实验场所。对建筑形式的体验，实际上是种种叙述、比较、分析、判断、选择、论证方式的展开，我们正是如此这般地去追寻那种"有意味的形式"。

一篇文章《建筑是有意味的建造？》[1]，通过对一系列建筑观念的语意分析，审视了建筑学的某些基础性论题，说出了我们想说而不敢说的话：认为建筑不是依靠内容而是依靠形式完成一切，"形式是建筑师的语言，而且，惟有形式是真正专属建筑师的创作，亦是建筑之灵魂"。因此，"真正的建筑大师，既是玩弄形式的大师"，"为形式而形式亦是作为一门艺术的建筑学存在的根基"。而事实上，符号、图像、隐喻、文脉、历史及装饰的传达，也正是依靠某些形式语言进行表达的，在某种意义上，语义信息被隐匿在形式之中。因为"以建筑学的发展史来看，以形为贵是人类的建造史升华为一门自成体系的专业学科之根本性动源。"

就形式语言的课题与设计基础的作业而言，建筑无疑是一个最佳的研究对象，是一个取之不尽、用之不竭的资源。建筑体既是一个形式体，作为一种最大限度与容量的设计物，是多种形式要素的集大成式的体现载体，其复杂程度与丰富程度是其他设计物所不能比拟的。在它所构成的谱系中，既包

注 1：李京涛《建筑是有意味的建造？》，《建筑师》杂志 2003 年第 6 期（总第 106 期）

括了空间、形态、结构，也包括了比例、尺度、节奏，既包括了材料、表皮、光影，还包括了原型与变体、隐喻与符号、趣味与风格等。

在这里，建筑的概念既是指建筑体，是指一般意义的建筑学，也指向建筑教学。因此，以建筑为资源的设计基础练习，既包括了内容与元素、理论与方法，也包括了种种课题的设计手法与思路，切入角度与线索，更包括了作业的编排结构与组合秩序。

当然，这种"来自建筑的形式"的训练目的与研究方式，与建筑学专业的课题的区别在于，它并不以企图学会如何建起一幢完整的房屋为出发点，因此它不去关注功能、技术、限定等。

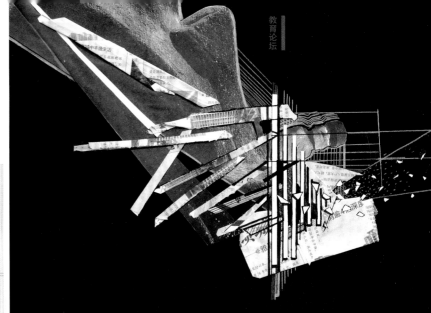

教育论坛

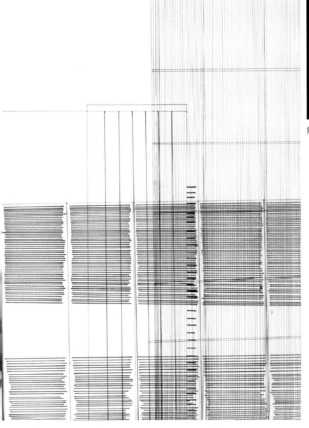

解构与拼贴

构成的图像

2

　　我们可以从一部现代建筑的百科全书中，选择若干词条进行阅读，选择某些华彩的片断进行猜测。

　　形态与空间：是建筑体中一对相互依赖而存在的要素，是最具价值的经典形式，"由内到外"或"由外到内"也是形式主题的演绎。一本《透视前后的空间体验与建构》[2]，即排列出令人目眩的辞藻："直觉空间"和"神话空间"、"运动空间与旅程"、"叙事空间与透视空间"、"轴测空间与拼贴空间"等。因此，对它的意义与规则的体验，远非那种经过计算再作折纸手工的作业所能比拟。

注2：[英] 冯炜 李开然 译《透视前后的空间体验与建构》东南大学出版社 2009年版

　　"建构"与"解构"：是处于不同的出发点中的建筑设计方法论，两者在"构"字的差异性上显示了它们不同的研究价值与形式语境。建构作为一种可实践的理论，关心建筑的"可操作性"及对可操作性的理解——追究其形式生成的逻辑、建构方式以及形式的意义与哲理性问题，建构理性与视觉感的同构模型，从而以一种清晰的语法表现出建筑的真实感，使许多建筑本体的形式被重新发现、阐释、理解，从而使人们能够猜测、回忆、解构建筑体的程序回放。演示了系列哲学概念怎样在空间设计中验证"延异"、"非建筑"、"之间"、"反中心"、"反记忆"和"挖掘"、"空间追逐"等。而解构哲学与构成主义的离散促使了另一种重构方式的生成。

　　"建筑是凝固的音乐"虽然早已人尽皆知，然而人们更想具体解读建筑与音乐的关系究竟。建筑体中的许多碎片、局部、要素的排列秩序，使我们可以分析其潜在的乐感素质，认识形式变体的痕迹，认识形式的诗学语言。

　　对建筑师的专业背景与知识结构的了解，传奇的色彩与职业故事，可以彰显他们的风格形成线索

备我们所需要的物质感应力量。他们由许多的个体聚合而成，一个具有相当规模复合体，以什么方式形容解释它们的质量关系，使其中最核心的因素成为关注点，由经验事实到思维阐释、绘画能够不断以技术化的方式衍生它更加独立清晰的见解。

课程五 ①自然博物馆之一

课程五
课程名称：课外考察和主观创意（①自然博物馆 ②动物园 ③植物园 ④下乡写生）

课程描述：社会文化资源是我们强调要引入课程的重要内容，让学生面向现实和历史，并从中吸取多方面的知识营养，结合自己的基本创作素养进行思考性的实践经验，这个课程具有清晰的主题方向。

自然博物馆的课程主要针对动物的骨骼构造进行分析考察，主题拟为"生命的支撑"。不同动物种类其生命存在的进化，造就了不同的骨骼结构及生态内形。通过同学们在博物馆的现场考察为下一步的材料制作积累基本的素材。

动物园的考察是对活体动物进行的"探访"，主题为"动物的肖像"其目的是让同学们通过对现存动物的近距离接触，在动物骨骼课程的经历启示中关注生态，重新认定我们共同的生存环境。

植物园部分是带同学们进到植物群中作形态考察，以"仿生"的主题引导学生去发现植物的生态特征，收集形象资料为下一步课程做好准备。

春季写生是美术学院的传统课程，每年的这个季节，老师都会带领同学们在乡下进行一项两周的写生课，写生地大都定在有建筑遗存的古镇或古建筑保护地。写生期间给同学们举办相关的知识讲座如典型建筑的测绘。这一课程能够在较为集中的时间里增加同学们在户外写生和工作的能力。

课程五 ②动物园

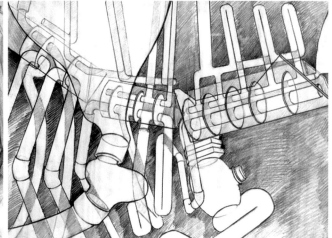

课程五 ①自然博物馆之二

3 植物园

4 下乡写生

课程六
课程名称：材料制作与主题性制作

    课程描述：综合课外考察的创意，材料制作是物质演进的深化，加上主题性的构思创作，同学们可以在多个层面进入到独立的造型领域，展现他们的想象与实践的能力。这些主题制作包括平面、立面、综合材料的制作体会，其核心意义是提取学生对诸如一些思考性概念的造型实验，诸如"时间"、"苹果"、"一滴水"、"一片叶子"、"飞机"、"动物肖像"等。这里运行了一种自由的联想，放松的创造意识，包括每个人的工作能力和思维方式的体现。将形象元素与物质条件作最直接的融合，从课程的选择方向及性质判断，它更像是一个自我探索的实践性课程。

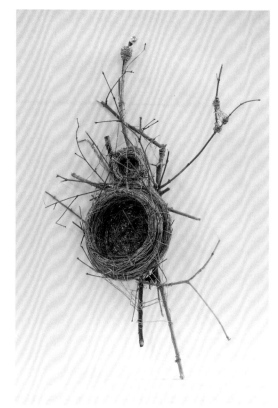

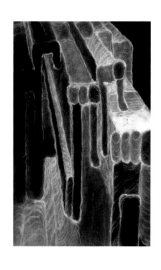

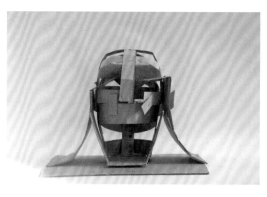

课程七
课程名称：由影视作品、文本等经典赏析所推引的装置与绘画创作

　　课程描述：首先由教师为学生提供影视作品作讲解性的观赏，比如通过电影大师的经典作品向有关环境历史、戏剧、文学、美学、摄影等方向引导，组织同学们对影片的主题、画面情节、故事内容的分析展开讨论，结合同学们所关注的影片内容，分组确定各自的创作主题。先制定一个制作方案，其中包括作品将要叙述的主题情节，构思背景与物质材料的预算清单，然后由老师组成的评定小组对每一组同学所提出的预案作出分析调整，最后进入实际的制作过程。在装置作品的最后讲解评判后将这一过程后期的平面绘画创作部分自然划分到每一个同学的个人自由表述中，借助于前期的集体创作，个体的创作可在原有的创作基础上得到极致的发挥。

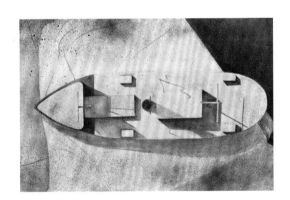

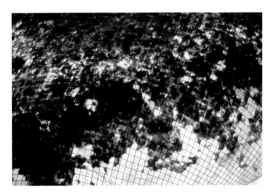

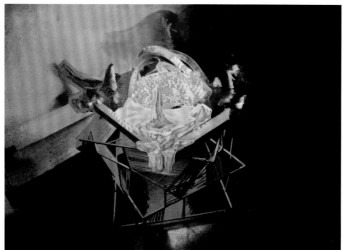

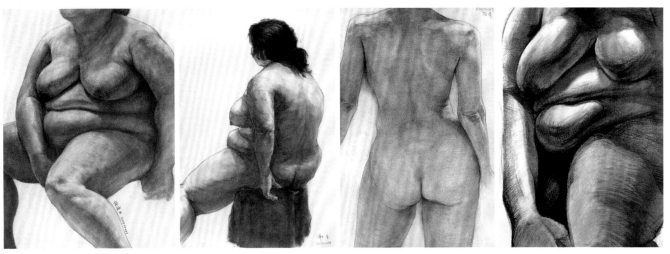

课程八

课程八
课程名称：人体造型训练

课程描述：人体课作为尝试性课程，首先让从来没有接触过人体绘画的建筑专业的学生做一次观察写生的体验。先做一个6课时的分析性速写练习，从短暂的8秒速写开始，在逐步增加写生时间的过程中，以时间的限定促使同学们迅速完成对人体的大略认知。以简练的线条判断人体的比例，以及人在不同姿态下，肢体结构的协调关系，继而，根据每位同学对人体认定的情况自行设定完成下一步的中、长期作业。

我们要求同学们保持自己的审美观点和工作方式，无需落入常规人体写生的技能性训练的繁琐过程中。中、长期作业的目的重在体验与研究，以我们的专业立场展示同类在剥去外饰后所呈现的生理本质、人类身体的活动节奏与力量之美，在作业的训练过程中获取独立的造型能力与敏锐的审美意识。

建筑学院的造型基础课训练强调它们的美学功能，它最接近于现有的"事实"，也更讲求它的未来意义。整个造型基础课程是一个简化的系统，它运行在新生进校后的前三个学期，贯穿于技能表现、思维构建和想象开发的基础上，因更多地考虑到这个年龄阶段的同学其实际能力与知识条件的局限性，课程主体尚在不断地调整更新。我们希望在深化推进课程的过程中，更多地与建筑学院核心课程进行融合与衔接，服务于学院整体教学的发展与提升，并且能够在有限的条件下构建我们更加规范有效的办学特色的框架。我们确信，最基本的工作在今天是我们必须认真对待的，而最有价值和意义的努力成果是未来无法预知的回馈。

王　兵：中央美术学院建筑学院教授

国内外高等院校建筑学科美术基础课程教学课程比较研究

The Comparative Study on Fine Art Courses in Various School of Architecture Nationwide and Overseas

文/华 炜

华中科技大学建筑与城市规划学院与法国巴黎瓦尔德塞纳建筑学院联合设计

20 世纪的中国，是机遇与挑战并存的年代。为推动我国高等教育建筑美术教学改革与发展，探索建立具有时代特征和中国特色的建筑美术教育教学体系，频繁的国际交流与专题研讨，为我们提供了高层次的学术平台。开放、多元的教学模式不断冲击传统的教学理念。

围绕我国坚持国际化的办学理念，以建设知名高水平大学为目标，以推进教学现代化、国际化进程为重点，构建国际化、研究型、综合性大学的本科人才培养体系。其目的，力求建立与培养具有国际竞争力的高素质创造性人才相适应的新的课程结构体系。

一、我国建筑学科美术基础教学国际接轨的意义

建筑学科美术基础教学改革的理论意义，实质上是由古典主义建筑教育向现代主义建筑教育转变的一个必然性的变革趋势。回顾建筑学科的设计美术基础训练，从 18 世纪起，早期国外将美术学院的基础绘画训练方法移植到建筑学设计基础教学体系内，如 1924 年由毕业于巴黎美术学校的著名法国建筑师保尔P克雷所主持的美国宾夕法尼亚大学建筑系，学生平均每周 7 小时用于石膏模型、静物、风景写生等各种美术训练。我国早期著名建筑大师梁思成、童寯、杨廷宝等均留学于该校，很自然地直接影响到我国这一教学模式的确立。当然对我国当时的建筑教育起到过积极的作用，但遗憾的是他们都没能接触到在此后注入到该校的国际包豪斯式的课程教育，正如梁思成先生说他"刚好错过了建筑学走向现代的大门口"。这种影响也使得我们建筑美术教育多局限在这一传统教学内容而形成的教学体系之中。20 世纪现代艺术对现代建筑发展形成重要影响，

抽象艺术理念必然形成对传统以描摹写实方式的认知与技巧等理念带来冲击。

作为一种新教育理念，视觉设计以各种方式成为各新兴设计领域，尤其是视知觉艺术和视觉设计教育基础，20 世纪包豪斯 Bauhutten 的《基础课程》以及《基础设计》提出的新概念，它们将美术、建筑与工艺的教育结合在一起，对 20 世纪的教育产生了深远影响。我们目前开展此项研究，在认知观念与技能训练上必须吸纳各种新的艺术形式，形成新的建筑美术教学理念与理论导向并指导实践，以提升与整个建筑学科课程体系相适应的美术教学课程建设。

建筑学科的美术基础课程的研究，鉴于目前国内建筑美术教学，虽然在局部上已作了某些改革，并努力在某些方面尝试，但主要的教学框架还停留在传统古典主义"学院派"的教学方式上，即素描、水彩作为美术教学主要课程。素描课的教学也主要采用学生被动描摹物体的方法，而水彩课的教学也以写生与渲染技法为主。形式感、客观组织力及色感训练等往往被忽视了，更不用说设计美术的其他重要内容，缺乏一定的科学性，对培养具有现代意识与时代美感的建筑设计人才是不利的。在科学技术信息化飞速发展的现代社会，计算机绘图已替代图板成为设计主要手段。记得一次在与建筑大师向欣然先生关于建筑教育问题的交流中，向先生说："1957 年入大学，至今已半个多世纪了，看到儿子大学做的作业内容与他当年一样，

学校还是这样教学。现在规定低年级不准用电脑画图，简直不可思议。"这种几十年如一日，一成不变的教学内容与模式本身就违背客观事物发展规律。新事物的出现对我们的专业人才培养提出了新的要求。

通过国内外现状比较研究对专业教学现状的梳理，接受视觉设计的新理念，扬弃传统写实学院派陈旧教学模式，构建新的适合本专业发展的设计美术教学课程体系，通过重新界定这一学科领域，迈出紧跟时代发展的一步。

建筑美术教学不同于美术学院在于建筑美术不是培养纯画家，而是以培养建筑师在构图、造型语言、美感、形式感、空间想象和表现手段或工具运用等方面作为主要目的。所以，教学研究内容需吸收瑞士巴塞尔设计学校的"结构分析素描"；包豪斯学院当代康定斯基开设的"图画分析课程"；保罗·克利的形式课；贡布里希的形式分析；阿恩海姆的心理—视觉形式分析；瓦尔保学派的艺术理论和评价，以及今天已流行于世界的"图学分析方法"。这些课程及理论培养均能从较高层次让学生去认识造型语言的实质，这些观念上、思维方法上的革命性理论也应通过课程介绍给学生，这在提高学生认识能力和设计能力上是有效的。

二、国内外建筑美术教学现状与趋势

从 1671 年法国皇家建筑学院成立算起，巴黎美术学院的学院派建筑教育已经超过了三百年。包豪斯的历史虽短，也有近百年。然而设计的视知觉能力训练仍受约束于这两所学校的影响，我国的建筑教育长期以来走的是巴黎美术学院的路线。尽管建筑学的观点和外界的学术环境已发生了根本变化，素描训练的传统却延续至今，不仅单一的长时间去模仿画面明暗关系的训练方法依旧，甚至以石膏像、静物、风景为写生对象的训练内容也没太多改变。所谓"包豪斯"基础设计对我国建筑教育的影响只是近 20 年左右的时间。"形式构成"这门课程在 20 世纪 80 年代初引入建筑学，是有关形式语言和造型方法的专门研究。它没有取代传统的美术训练，而是在建筑设计基础课的框架下独立发展，如建筑初步课程中的三大构成，即平面构成、立体构成和色彩构成。但这种造型公式化教条不太符合建筑学视知觉训练的要求，所以针对建筑设计基础教育中尚未有实质性的发展。

哈佛大学建筑学院

目前，国内一部分建筑院校已开始美术教学改革研究。近年，在东南大学、同济大学召开的第七届、第八届"全国高等学校建筑学科美术教学研讨会"上，我对到会部分建筑院校教学现状："课程设置、课程学时、教学实践、教研室人员"，进行了相关的问卷调查。从反馈的42份调查表及访谈中，我们可以了解到清华大学建筑系、同济大学建筑系，在传统教学基础上将包豪斯的结构素描方式列入教学；东南大学建筑学院、南京大学建筑系、哈尔滨工业大学建筑学院等，在这方面进行过多项改革性的实验性教学；武汉大学建筑系美术教学试图进行结构抽象教学内容尝试；武汉理工大学建筑系美术教学基本依循传统模式；香港中文大学建筑系的顾大庆先生在《绘图与视觉设计》课程教学中，将此课题深入研究，编著了《设计与视知觉》，并提出了许多关于设计思维及训练的模式：下面就建筑学科中老8校与我院美术基础课程调查统计作以对照（表1）：

近年，随着各高校开展国际交流，笔者也在2010年赴美国进行3个月的考察，2012年又赴法国巴黎瓦尔德塞纳建筑学院参加了一次设计课程的联合教学，了解了一些建筑学科美术基础教学范畴相关课程情况，这里仅以美国为例对几所建筑本科教学课程设置做了一个粗略统计（表2）：

表 1

全国 9 所建筑院校美术基础课程教学现状调查表

（根据东南大学召开第七届、同济大学召开第八届《全国高等院校美术教学研讨会》调查表资料统计）

学校名称	美术基础课时			选修课程
	素描	色彩	实习	
清华大学建筑学院	128 课时	128 课时	3 周	20 世纪西方美术
同济大学建筑与城市规划学院	128 课时	128 课时	3 周	陶艺、版画、手工制作
天津大学建筑学院	128 课时	128 课时	2 周	中外美术史、三大构成 中外建筑史、建筑技术
东南大学建筑学院	视觉设计基础 144 课时	视觉设计基础 144 课时	3 周	现代绘画、陶艺、摄影 建筑画技法、艺术概论
华南理工大学建筑学院	96 课时	96 课时	2 周	色彩美学 环境艺术
哈尔滨工业大学建筑学院	造型艺术基础 128 课时	造型艺术基础 248 课时	4 周	中外美术史 装饰雕塑、装饰壁画、陶艺
西安建筑科技大学	120 课时 环艺 160 课时	120 课时 环艺 160 课时	3 周	中国美术史、摄影
重庆大学建筑学院	136 课时	136 课时	1.5 周	陶艺、中外艺术鉴赏 建筑快速表现
华中科技大学 建筑与城市规划学院	设计素描 112 课时	设计色彩 112 课时	2 周	中外美术史、建筑表现技法 钢笔画、雕塑、手工制作

表 2

美国 6 所建筑院校本科美术基础课程统计表

学校名称	美术基础课程设置	关联课程
Harvard（哈佛大学设计学院）	Landscape as painting（风景绘画，包括素描色彩但主要是着重于物体，3 分）	很多以建筑或城市规划为主的设计相关课程，唯一和美术擦边的设计有 Designing Things for Humans（为人类设计物体，有点类似我们的人体工程学）
Yale（耶鲁大学建筑学院）	A. Drawing and Architectural（绘画与建筑形式，3 分） B. Basic Drawing（基础绘画，3 分） C. Color Study of the interaction of color（色彩构成，选修，3 分） D. Sculpture as Object（物体雕塑，3 分） E. Sculpture Basics（雕塑基础，3 分）	
University of Pennsylvania（宾夕法尼亚大学设计学院）	Design fundamental Ⅰ Ⅱ（基础设计 Ⅰ Ⅱ）：这门课程 Ⅰ 是培养 2 维绘图和 3 维绘图基本设计	Ⅱ 是培养分析能力，如光线、风向等分析，该课程为本科二年级课程，一年级以理论课程为主
MIT（麻省理工学院建筑与城市规划学院）	A. Foundation in the Visual Arts & Design（视觉艺术与设计的基本原理）该课程为本科二年级春季课程	B. Architecture Design Studio Ⅰ（建筑设计工作室 Ⅰ）该课程为本科三年级秋季课程，导师制的教授，共分为三个阶段，Ⅱ、Ⅲ 两阶段是建筑设计的核心，这个阶段的主要内容包括了我们国内的绘画基础课程，因为主要培养的实践能力
Princeton University（普林斯顿大学建筑学院）	A. Architecture and the Visual Arts（建筑与视觉艺术）该课程分为两部分，一部分是建筑学介绍包括介绍绘画、建筑项目、建筑理论、专业杂志、前沿新闻等，另一部分是视觉艺术，包括绘画与雕塑、摄影、时尚、广告等。课程评分是小论文占 25%。学期论文占 50%，课堂参与度占 25%	B. Introductory Drawing（绘画介绍）该课程目标是培养学生通过绘画去观察与思考，通过各种媒介去表达，包括钢笔、木炭、石墨、黏土等，主要内容包括静物写生、风景、建筑写生。课程评分，设计项目占 60%，课程参与度占 10%，小测评占 20%，其他（由指导老师定）占 10%
UM, UMich, Ann Arbor 密歇根大学安娜堡分校	A. Introductory Architecture Studios（建筑学入门工作室，分三个阶段，每个阶段学分 3 分，共 9 分）是以 studio（工作室）的形式教授美术基础课程。安娜堡的该课程是在本科一年级和二年级上完三个阶段。 B. Digital Media Arts Cours（数字媒体艺术课程，3 分）该课程也为一，二年级课程 C. Design FundamentalsCourses Ⅰ Ⅱ（设计基础课程，3 分，共 6 分）该课程为高年级，即本科三、四年级课程。	

从以上统计不难看出美术基础对建筑专业的学习依然重要，体现在：1. 美国建筑院校对此均有相应课时设置。2. 对美术基础的教学呈多样性的方式扩展进行，形成各校的专业特色。

据悉：美国 IIT(伊利诺伊理工学院建筑系) 在建筑美术的训练中基本扬弃传统，取而代之的是结构与抽象的造型训练方式。美国麻省理工学院建筑学专业课程中，让学生一开始就画幅与人等大的画像，这种练习一下子就提出比例、尺度、空间等一系列造型基础表现问题，直接引导学生进入设计表现主体。

德国慕尼黑工业大学建筑系在风景写生的美术改革中用概念水彩取代传统写实，高效、学生受益很大，效果很好。

我在香港城市大学与巴黎瓦尔德塞纳建筑学院看到展示的学生美术作业都是画人体、人物这种最直接的表现，首先对学生是一种精神上的释放，进而是一种表现形式上的自由体现，这与该院开设相关艺术表达、艺术理论与艺术史课程熏陶无不相关。相比起来，这在我们的建筑院校是欠缺的。

由此可见，我们国内建筑学科对此要进行更广泛深入的比较研究，形成导向性的新体系。另有，国外在此方面已在逐步形成新的"设计素描"、"本能素描"、"用右大脑"素描等新素描方式。那么，色彩已进入到对形式表象的研究，更多的是视觉艺术关联学习与扩充，给学生更多的选择，这些有关设计美术基础更高层次的内容，是现代建筑学科美术基础改革的发展趋势，是整合我们现在教学所需吸纳的精髓。

普林斯顿大学建筑学院

密歇根大学学生作业展

密歇根大学建筑与城市规划学院模型室

密歇根大学建筑与城市规划学院

密歇根大学学生作品

香港城市大学学生作业

罗德岛设计学院学生习作

密歇根大学学生作品

三、整合构建我国建筑美术——设计基础教学课程体系

通过以上比较分析，构建突出设计理念培养的建筑美术教学课程体系是关键。通俗地讲应该由过去培养画家的教学模式转到培养设计师的模式。这种根本性改变其实摆在面前是重构，这种重构不是简单照搬，它是介于建筑与美术、绘画与设计之间的一门学问，要突出建筑美术的特点。

目前，我们设计基础的建筑美术教学改革，在素描教学中引入了"抽象形态"的练习。它是相对于传统具象思维表现形式练习而言，凭借抽象形式语言进行视觉思维活动，将表现中的抽象语汇：点、线、面，通过平面进而立体构成我们所要表达的空间与造型，从而形成一个新的抽象实体。这种方式与当代建筑设计强调通过模型制作分析体量空间是相吻合的。另一方面就是"意象素描"教学，这的确对教师与学生都是一种全新的提升，每一次练习都是对思维潜能的一次挖掘，每个参入者都必须去创造性思维，破天荒地让学生主动思考，而教师这里没有标准范例，很好地更新了对学生个性化与创造性的培养模式，这是我们以往强调模仿式教学所欠缺的。

色彩教学的问题，主要是培养体系的变更，传统的基础教学在建筑美术中是写实绘画教学模式，在强调技法练习上下了很大工夫，这也形成水彩大家云集建筑院校的历史与现状。然而，从建筑设计基础的需要定位的确要从单一的"色彩写生"转换到"设计色彩"。设计色彩教学突出：①色彩基础，这涉及色彩法则、规律、本质。②造型思维，这包含对客观与抽象的认识与创造，可能深入到对色彩的心理认识，这里有个性与共性多方面的表现。③意象色彩表现，训练创意思维，不拘于"形"，抒发主观情绪，以色写"意"。

构架的整合只是一个改革过程的前提，更重要环节的还有组织教学。新的模式，我们开始尝试并在教学过程中磨合。我做过一项建筑学专业新生对美术课程的问卷调查，其中无美术基础占90%；对美术课有兴趣占91%；认为上美术基础对专业发展有紧密关系占98%。这项调查反映出我国高考应试教学体制下忽视艺术素质教育与国外差距的现状。这种建筑美术中的"中国特色"，使得我们的教学中承载了更多责任。通过本院04级建筑学与艺术设计6个专业班级实验性的教学，整个教学过程我们除保留原有写生素描与色彩练习基础上，设计素描

中突出结构素描，加入意象素描教学。设计色彩引入全新的装饰色彩概念并直接运用室内与建筑色彩表现。在这种新互动教学过程充分表现学生艺术潜能，使富有艺术设计天分的学生能够得到机会，尽可能多的接触各种手法及技巧，发掘他们真正天赋之所在。这种收益还将在相关的设计课程中得到反馈，在挖掘创造力的设计培养方面已取得很好效果。结合实验教学改革的经验，在广泛调研并与全国相关兄弟院校交流的基础上，我们重新修订了建筑美术基础教学"设计素描"与"设计色彩"的教学大纲。新大纲最大特点：更新"以设计为目标"的培养理念；调整压缩了课时，为增设专业新课留出课时空间扩充信息量；增加3/2的新课程内容，突出建筑设计基础造型表现性技能。正如：同济大学戴复东院士在《全国高等学校建筑学科第八届美术教学研讨会》开幕式中提出"首先在重视逻辑思维的基础上大力提高形象思维能力；其次要提倡学科的交流、交融和互渗。"我们正是以此理念来全面启动此项教学改革的实践。

当然，面临问题的挑战也是突出的：首先，教师有个再学习的任务，因为多数教师也是学院派的模式下培养出来的，面对新的课题，还要不断创造条件有计划的通过学习交流，细化每位教师的研究方向，逐步提升师资水平。其次，评价标准问题。抽象练习、个性化表现肯定产生多样性作品，这种无标准答案模式的作业教师如何评价？这里有一个教师与学生角色转换，换位思考问题，以此寻求亮点而达成共识。另外，要解决好教学内涵的扩充与基础教学课时减少的冲突，以简化基础语汇训练缩短课时，通过增设选修课形式作为弥补学生更多的专业需求等。这一系列问题，还望在国内外不断地学习交流中得到领悟。

相信，我们正处在一个大变革快速发展的时代，有选择地指导更新建筑美术教学实践，对于全国建筑学科都有着积极的意义。

参考文献： ［1］（英）弗兰克·惠特福德·包豪斯. 北京：生活·读书·新知三联书店，2001年。
　　　　　［2］顾大庆·设计与视知觉. 北京：中国建筑工业出版社，2002。

备注： ① "建筑学科美术基础课程教学改革研究与实践"研究课题为2004年～2006年度《华中科技大学新世纪教学改革工程》、《湖北省高等学校教学研究》立项支助结题项目
② "《设计素描》模块复合化教学改革研究"研究课题为2009年～2012年度《华中科技大学教学改革》、《湖北省高等学校教学研究》立项支助结题项目
③ 2010年《设计素描》被评为湖北省精品课程

华　炜：华中科技大学建筑与城市规划学院教授

"非建造材料的建造"
——关于材料的中荷联合教学

"Building with Non-Building Materials"
——Sino-Dutch Co-Teach on Material

撰稿 / 沈　颖

2012 年短学期，我院的全体三年级学生围绕 32 课时的"视觉设计基础实习"开展了一场为期一周的中荷联合教学。我们邀请了任教于埃因霍芬设计学院（Design Acadmy Eindhoven）和埃因霍芬科技大学 (TU/E) 的荷籍教授 Simone De Waart 与 Patrick Vissers 来对此次联合教学进行指导。经双方的反复沟通，确定以"非建造材料的建造"为主题。

本次联合教学的内容：

新材料是由制造商寻求新特性而造就的，由科学家在实验室里发现或通过研究从新的科技发明中萌生。但是，最重要的具有独创性的新材料是从艺术家和设计师对现有材料的再创造中获取新的灵感，并以一种巧妙而有创意的方式被组合和应用。

在教学过程中，通过对"技术引入"的使用，学生们可以用一种新的制造技术去发现对旧材料、熟知材料的具有创造性的组合，或者反之，创造一种与不同的传统工艺技术组合而来的新开发的材料。

所有的表面装饰、构造和肌理都将会运用一种创新的方式，以创造新颖而原创的材料样品。材料表面从材料的特性和意义的组合中萌生，而意义将由作为设计师、建筑师的学生们赋予给这些材料，为空间中新的应用唤起新维度的物化。

本次联合教学的目的：

技术是关乎文化的，它亦可传统，亦可创新。荷兰老师通过一些方法指导学生们的这次创造新材料构造的旅程，使来自不同文化背景的不同观点在这里得到交换。使学生学习通过"亲身体验"（hands on experiences）创造新的材料；通过利用不同制造技术的新组合来认识材料，认识它们的特性、感知属性、性能和意义。

本次联合教学的方法：

荷兰老师先后以两场讲座打开学生们关于材料认知的视野，通过三个连续性的小课题逐步指导同学们对所收集的非建造材料进行矩阵式的排列和分析，鼓励学生从嗅觉、触觉、听觉等感知的探查去理解材料，接触材料特性和相关联的意义；通过材料表面的结构和肌理来探索新元素创造的可能，通过材料的联结和建造来实现三维的组合，实现从二维到三维的转换；并设计和创造一个语境，将其转化为一个展览、传达一个故事。

学生以分组形式，由荷兰老师带领其中一组同学，其余小组由我院任课教师指导，中方教师与荷兰老师保持密切的沟通交流，再由荷兰老师对第三个小课题对每组同学进行指导。

对生活中一些常见的材料进行了收集，并把它们处理成了10cm×10cm规格的样品

对材料从视觉、触觉和听觉等方面进行感知，并通过寻找关键词把材料排入二维阵列，逐步深入认识材料属性

寻找有关肌理、结构与节点的有趣的照片，对图中的内容进行讨论并将其列入二维阵列中进行分析

充分利用材料潜能，挖掘材料特性，以一种崭新的方式展现出来，比如遇高温可熔化以塑造各种形状，常温下又可凝固以保持形状的蜡

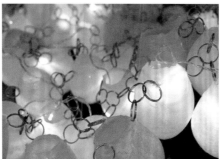

用线和加热的针对蜡进行了缝合式的连接，但蜡极易裂开；从钢筋混凝土中得到启发，对蜡"预埋钢筋"，以金属环相连接

分工合作，分为灌水球、制作连接件、染色、浇蜡球和晾干放水几个步骤，流水作业，完成六十三个蜡球，把蜡球用鱼线系到支架上，完成制作

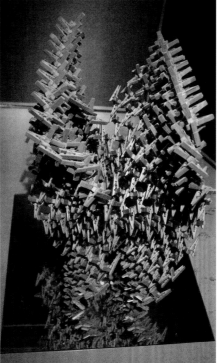

将夹子进行不同的咬夹，形成不同的基本单元，组成平面或者曲面，可以相互咬合、相互强化，利用这一特性制作出复杂的曲面，形成特殊的表面肌理，保留原有竹夹子的材料质感，并创造出了全新的材料感受

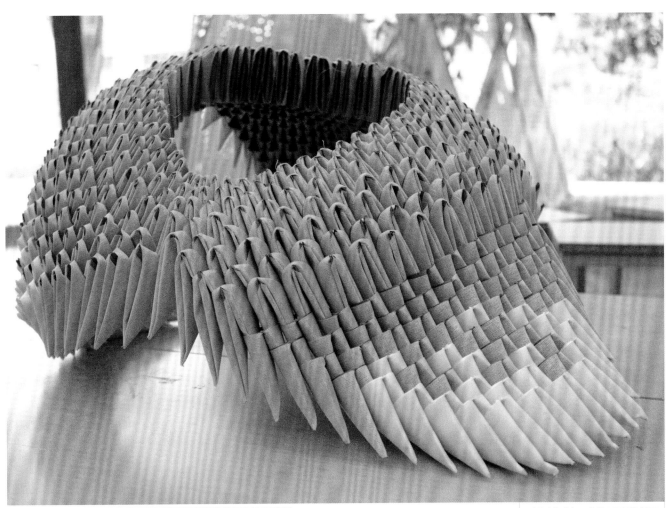

"叠变"的每 2 个单元间都遵循两种插接方式，将两种插接方式按一定规律组合起来，在一定数量的堆积下产生序列，进而产生多变的形式以及开敞或闭合的空间。在小模型中采用普通 A4 打印纸；在大模型中选择了卡纸和麻布结合的材料，并对模型本身进行加固；当继续对其进行延伸或者扩大至可以容纳下人的活动时，可对模型的最终状态进行更多探索，找出更稳定的受力结构和更轻质坚固的材料，组成更大的模型

白色塑料袋的充气结构

利用拉伸牛皮筋产生受力的强度
与吸管结合，设计出几组不同的
节点，生成类似座椅的几何形式

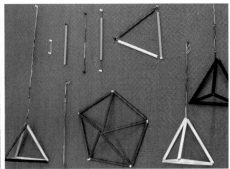

折叠扑克纸牌，以订书钉固定，
形成坚固的几何形式，试验了由
三张、四张、五张纸牌形成单体

本次联合教学的成果：

同学们收集了身边唾手可得的诸如宝特瓶、塑料
吸管、塑料袋、纸扑克牌、木夹、一次性纸杯、宣纸、
橡皮筋、蕾丝面料等各种廉价的非建造材料，分析其
特性、探究其特有的美感并设计出有特点的节点，遵
循某种规则性重复的原理，设计出一个单元、生成一
个界面、围合成一个空间。经过本次课程的学习，同
学们对材料（肌理、节点或结构）的认识从原先的较
为感性地停留在成品表面转向理性的深入分析方式，
使得大家尽可能地摆脱了定性分析所带来的不确定性
和主观性。在之后的学习研究中，也可以运用这种分
析方式，把感性分析尽量理性化，深入剖析并挖掘对
象的特质，对事物的认识更加透彻。

沈　颖：东南大学建筑学院环艺系

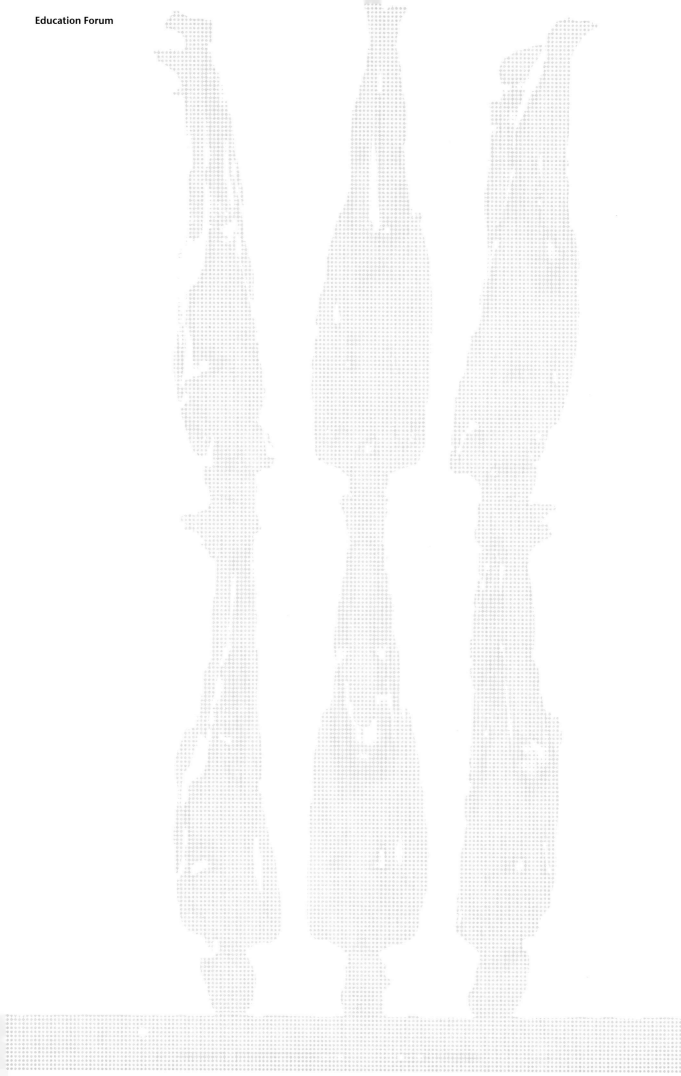

概念建筑　　Conceptual Architecture

课程 / 葛　明

概念建筑（Conceptual Architecture）是东南大学建筑学院葛明老师用以思考建筑学的一种形式，这一形式也是思考现代性的一种方法，因此试图与思考现代性的其他方法相通。2006 年威尼斯双年展中国馆之一"Murmur"，为葛明老师概念建筑的代表设计作品。

　　除了自己的设计制作以外，葛明老师还希望把这种形式和方法传递给学生，帮助他们去寻找以后自己的形式和方法。为此，他在东南大学建筑学四年级从 2003 年起开设了相应的设计课程。

　　概念建筑在教学上试图发展一套训练学生制作（making）/ 言说（saying）/ 制图（drawing）相结合的综合方法，探讨一种综合艺术形式，以思考建筑学的学科边界。教学方式是大练习与小练习结合。课程时间为 8 周，学生在前 3-4 周要求完成两个小制作，后 4-5 周正式进入大制作。

设计作品：威尼斯双年展中国馆之一"Murmur"（2006 年）

设计作品：威尼斯双年展中国馆之一"Murmur"（2006 年）

教学作品：白天和黑夜 / 白天 / 黑夜（2010 年）

概念建筑课程迄今为止已完成 7 次大制作，包括：

1　未完成作品的再现——路易·康的何伐犹太教堂、柯布西耶的威尼斯医院（2003 年）；

2　雌雄同体（2004 年）；

3　球与方——时空机器（2004 年）；

4　道具（2005 年）；

5　男女建筑（2008 年）；

6　情绪三部曲（2009 年）；

7　白天和黑夜 / 白天 / 黑夜（2010 年）。

大制作作品曾获中国首届国际建筑艺术双年展青年与学生特等奖等荣誉。

葛　明：东南大学建筑学院副教授

清华大学建筑学院的《建造体验实习》课

The Course of Experiencing Building by School of Architecture, Tsinghua University

撰稿 / 王青春　姜　涌　黄蔚欣　朱　宁

2012 年暑假小学期，在院领导的支持下，我们建筑美术研究所参与开设了一门《建造体验实习》课。

一、目的及意义

让建筑学院一年级学生了解建筑物的策划、设计、建造、使用的全过程；培养设计的原创能力、艺术的表现力及实施的执行力；掌握建筑材料的性能、空间建造的可能性、加工装配工艺、建造成本核算等建筑学基础知识；获得真实的建造过程和乐趣；体验建筑师应有的团队协作能力、社会活动能力和组织领导力；加强社会及学校对建筑学专业的认识；体现设计的价值和艺术美。

二、特点

1. 课程与班级的社会实践活动相结合，以班级为单位分工协作共同完成一个作品。

2. 体验整体性，根据学生特长自愿自由结组，充分利用各种社会资源，完成策划、设计、建造、使用的全过程，即：自己筹备建造资金—设计报批—实施落成—成果展示—成果维护与推广。

3. 体验建设方、设计方、施工方、管理方等各专业角色体验。

4. 向学校和社会展示建筑学的魅力和价值，充分利用网络、媒体等资源进行宣传和展示。

5. 有一定的实践性、游戏性和素拓性，寓教于乐。

外籍教师指导搭建试装

评图

三、组织结构

本门课程，院长参加讨论课题设定，主管教授组织并汇报。我们的学生是主体，所有教师只是引导与辅助。

1. 教师构成有：结构技术、美术和模型室的老师，就美观、结构问题以及工具机械的使用问题提出异议、建议与指导。

教师团队：

课程总控：朱文一

总负责：姜涌

1 组：姜涌、刘佳燕

2 组：王丽娜、黄蔚欣

3 组：王青春、朱宁

工艺加工指导：闫润德等三位师傅

2. 学生三个组以班为单位划分，每组以兴趣划分小组：

策划组：负责筹集建造款项、校园内建造和摆放地段的申请、制定整个计划和分工、记录设计建造的全过程、联络媒体进行宣传、邀请社会评委和组织评图会议，最终成果收集、制作、展示、宣传。

设计组：负责考察建材市场、方案构思，项目的设计、制图，材料估算，节点设计，说明与展示海报设计，建造过程的监督与验收。

加工组：计算材料清单和成本，购买材料及配件，学习建材特性及加工方法，试验材料和节点的性能，使用模型室大型设备加工建材和构件。

建造组：平整场地，完成建筑物的基础和固定工作。按照设计图纸和要求，与工艺组配合完成实

际建筑物的安装、固定。

维护组：建造活动的后勤工作，建造场地的安全与秩序的维持，建筑物的使用体验与维护清洁，活动结束后的拆除与清扫，以及其他未分类的工作。

以划分组为主其他组密切配合穿插协作。

四、教学课题

1. 教学课题：“亭”——校园多功能室外空间（校园亭）

2. 尺度：作品的尺寸范围为 2.4m×2.4m×2.4m 至 6m×6m×6m，采用 1:1 的实际尺寸。

3. 主要材料：木材、竹子、轻钢、PVC 管、纸箱板、胶合板密度板、纤维板等轻型且易加工的材料，以保证自行加工试验和自由探索的可能性。提倡使用环保材料和废旧材料的循环利用。

4. 功能：设计一个至少可供 6 人同时使用的可遮蔽风雨的多功能亭，可具有休憩、校车候车、校园信息板、地图指路牌、纪念品售卖、自行车停靠、照明、广播广告灯箱等实用功能，也应具有校园内的景观小品和环境艺术雕塑的艺术功能。为校园及系馆的室外活动提供临时的工作、交流、休憩、展示空间，应保证基本结构的自立和稳固，并有一定的防风防雨性能，可较为灵活地装卸，可在校园内或系馆周边的室外摆放使用一周以上，并完全由本组同学自行设计并建造。

5. 位置：在清华大学校园内或建筑学院周边。

五、教学过程

第一次年级评图（设计）：同学们先参看由老师提供的一些国内外案例，方案的构思全体同学都可以参加，希望能够有创新。实习开始前的一周（"建筑美术"课的同时）发展出若干个方案来，最后评比形成班级方案。提交 1:10 草模和设计草图，确定班级方案和优化方向。确定建造地段、主要建筑材料。评图后分组推进工作。

第二次年级评图（施工）：提交 1:5 的整体模型和局部节点，确定主要材料和节点，明确加工与连接方式，确认结构坚固与安全性、防水耐久等性能，以及时间和造价的可实施性。评图后购买材料，深化节点。

第三次年级评图（材料与节点）：申请并确定建造地并制定建造计划。调研建材性能与价格。了解并学习使用加工设备。完善设计方案并制作 1：2 的整体模型和主要节点的 1:1 模型。

选用建筑材料并试验加工节点，检验材料和建筑物的性能，确定最终的材料和造价清单。购买建筑材料。进行加工与试装，完成的作品移建到学校内申请的地点。

第四次年级评图（使用）：邀请评委，在建筑学院示范使用状况并评图。

评分标准——坚固、适用、美观
· 功能性——席座、防雨等建筑基本功能的满足、安全牢固性
· 艺术性——设计的独创性与实现性、最终效果的艺术冲击力
· 技术性——加工的精致性、材料与节点的高性价比、可循环材料的使用和造价控制
· 社会性——建造过程和使用体验的乐趣、活动的团队组织与公关宣传效果

六、成果展示

1. 1:1 的实际建造物，实际使用 1~2 周。

2. 建造日志——记录设计、建造全过程的文字、考勤记录、照片、图纸、表格、材料的清单和成本。

VCR——10 分钟的"宣传片"或"纪录片"视频，可在网络和其他媒体上进行展示交流。

建筑物海报——含建筑物的设计概念、建造过程、使用说明、建造者姓名等信息的 A1 海报。

图册——含上述内容的各班作品及其设计、施工过程的图片集文字说明，并由学生设计活动标志、宣传语等，结册出版。

在这门课程中，大一学生通过每个环节的实践活动，了解了作为一名设计师的工作性质与特征。体验了一件作品从设计、建造到落成的艰辛与乐趣。经过两周的努力，锻炼了分析问题和解决问题的能力。最终成果往往要比大家预料的还要好。在作品的汇报展示中得到了广大师生的好评。有的作品还被有关部门有偿收藏。

王青春、姜　涌、黄蔚欣、朱　宁：清华大学建筑学院

反思中国建筑教育中的美术教学

A Reflection on Fine Art Teaching in Chinese Architectural Education

文 / 顾大庆

中国的建筑教育在过去 30 年的飞速发展不仅仅体现在学校数量和规模的增长，同时还体现在学科的扩张。但是，唯有一个课程或学术领域在过去的 30 年却经历了从盛到衰的转变，这就是传统的美术教学。它在建筑教育中的核心地位已不复存在，并逐渐地边缘化。建筑学中的美术教学的本质是什么？它会不会在建筑学的发展过程中逐渐消亡？如果它还会继续存在下去，应该向什么方向发展？本文以个人的经历为线索，从以下几个方面来尝试回答这些问题，即本科阶段的传统绘画训练；1990 年前后在 ETH 期间开始接触到一种全新的美术和视觉训练课程；1990 年代在香港中文大学对美术和视觉训练的探索；最后通过这一心路历程的回顾进而对中国建筑学美术教学未来发展方向作出反思。

一、传统的美术教学及其在传统建筑学中的核心地位

因为喜欢画画或有一定的美术基础而选择建筑学，相信这是我们很多人当年进入建筑学的主要原因。美术课在建筑学基础训练阶段的分量仅次于建筑设计基础的训练。持续两年的美术课程，一年的素描，一年的色彩。美术教学由美术专业毕业、或虽然是建筑学的背景但经过美术专业进修的老师来担任，在以"建筑师"为主体的建筑学体系中，他们的身份是"画家"。美术课有专门的教室，配备专门的画凳，窗户要面北，有稳定的自然光，教室里布置各种石膏像模型，有几何体块、人脸的局部，以及人像和人体，暗示着素描学习从简单到复杂的进程。除了正常的美术教学，一般在教学大纲中还安排了专门的绘画实习周。美术课或美术基础的重要性直接体现于建筑初步课程中，尤其是占据很大分量的渲染练习。老师根据有美术基础或没有美术基础，将学生分成两个不同的人群。美术教学的重要性还被一些环境因素所强化。在当时南京工程学院（现东南大学）建筑系里，美术组有中国水

彩画开山始祖的李剑晨先生、杨廷宝先生和童寯先生的水彩画册也在那个时期出版，他们在宾夕法尼亚大学学习水彩画的故事被广泛传颂，此外齐康和钟训正两位先生的钢笔画也成为学生模仿的榜样。当时，各种全国性的建筑画展览和比赛是建筑界的重要学术活动，还有专门的《建筑画》杂志。如此种种无不烘托出 1980 年代是建筑美术的一个鼎盛时期。

当时建筑学中美术教学的重要地位与我们所延续的美院式建筑教育体系直接相关。乔治·瓦萨里（Giorgio Vasari）就指出：素描是绘画、雕塑和建筑这三门艺术之父。今天来看，美术教学的重要性主要体现在三个方面，即设计感知的培养、绘画工具性训练，以及艺术修养的熏陶。设计感知是指通过素描的写实训练所培养的一种以准确性为目的视觉敏感性，它与古典主义建筑设计方法相呼应。比如，我们在以某种建筑风格为参照系来设计时往往会以"像不像"或"准不准"来作为衡量的标准，这和我们在做写实绘画时的评价标准是一致的。绘画的工具性训练主要是指素描和色彩为主要媒介的绘画技能的培养，它直接为建筑设计的渲染表现图服务。艺术修养的熏陶主要是指通过写实绘画培养的那种对如画景致的欣赏趣味，特别是风景写生的训练，与建筑设计中对如画景致构图的追求是一致的。

当然，以上对传统美术教学重要性的总结来自于后来不断地反思，而在我们求学的年代对此并没有认识。因为美术教学是通过具体的绘画训练，而不是理论讲授来达到它的教育目的。

二、对 ETH – Z 的视觉设计课程的观察开始颠覆对美术教学的固有观念

1987 年，我去苏黎世的瑞士联邦理工学院建筑系，在克莱默教授门下进修建筑设计基础教育。当时该系一年级有三门基础课程，建筑设计和建造两门课程由克莱默教授负责，另一门视觉设计课程由皮特·耶尼

（Peter Jenny）教授负责。这三门课程每周各有一天，因此我有机会近距离观察这门课程的教学。耶尼教授是个艺术家，教学组的助教也都是艺术背景，这和国内的情况似乎并没有本质的差别，但是其他方面就完全不一样了。首先，开始颠覆我对美术教学的固有观念的是该门课程的教授方式。那里没有专门的美术教室，也没有我们在国内的建筑系所能见到的那些设备和石膏模型，视觉设计课的上课地点就在设计工作室。同设计课的授课方式一样，一般早上是教授讲课，课后学生回到工作室，助教开始辅导学生做作业。其次，在这个课上做的作业也完全不是我们所熟悉的写实素描和色彩练习，既有写实绘画练习，也有抽象绘画练习，还有其他一些没有见过的练习。如果是绘画练习，学生各自在自己的桌面上完成，面对一个折纸模型或日常生活中的物件作画，完全不讲究什么恒定的光源之类的问题。记得有一个作业是利用印刷厂印错的大幅海报来做色彩练习，学生从海报上截取一个片断，再粘贴到一张空白画纸上发展成一幅作品。还有很多的练习不是用传统的绘画媒介来做的，如类似服装的装置设计，要举行一个服装秀，还有与空间环境互动的练习等。学生完成的绘画作业大都是 A1 画幅，这些作业与其说是"画"出来的，不如说是"做"出来的，是经过一系列的操作一步一步发展出来的，操作过程似乎比最后的结果更有意思。

如何给这样一个视觉设计课程定位，是我当时的一个困惑。很显然，这是一个与传统的美术教学完全不一样的训练，也与我们所谓的"构成"课程有很大的不同。耶尼强调他的教学是真正继承了包豪斯的传统，那么它和同样也是源自于包豪斯的"基础课程"的"构成"又是什么关系呢？此外，我们接受的"构成"教学是作为建筑设计基础课程的替代，而这里却是作为传统美术训练的替代，这又是怎样的一个关系呢？后来我在研习包豪斯的历史时，这个谜团才逐渐揭开。

我对两种美术训练的差异性的认识还来自于设计基础课程。有一年，我带的一年级学生中有一位已经有 10 多年中学美术教学经验的大龄学生。有一个设计作业要求学生画连续的室外空间透视。这位学生用钢笔精心画出的小透视图很让我吃惊，因为明暗的表达完全没有按照光影素描的原则，似乎都错了。但

是他的专业美术教师的身份却让我不得不相信他是对的。后来，我才了解到他的画法来自于立体主义不循光影素描关系、通过明暗来夸张体积对象面的转承的表现方法。差别在于我们所受到的美术训练完全不同。

三，在香港中文大学对视觉教育的教学研究和实践

1994 年我来到刚开办不久的香港中文大学建筑学系任教，除了负责一年级的设计基础课外，另一门主修课程就是"绘图和视觉设计"。这门课给了我一个将在瑞士时对美术教学的一些思考付诸实践的机会。这门课程有以下几个前提条件：首先，从一年级基础课程的整体架构来看，该课程需要提供基本的绘画技能、画法几何和视觉语言的训练，基本上涵盖了国内的"美术"、"建筑制图"两门主要课程的内容，以及"构成"中关于视觉语言的内容。这就需要有一个从整体上整合有关知识和方法的视角。其次，该课程只配备一位老师，班级的规模是 50 人左右，也就是说不太可能采取传统美术训练小班授课的方式。课程安排每周半天，分两个学期，共一年。要应付这样的教学条件，一定需要有一套教学方法，而不能单纯依靠一对一的辅导。以上这两个前提决定了这门课程的两个基本特点，即知识的整合和重构，以及重视教学法。

关于这门课程所涉及的知识和方法的来源，主要有三个方面。一是我在研究设计工作室制度时对布杂、包豪斯和得州骑警三个案例的相关课程的认识；二是在瑞士 ETH 期间及以后对皮特·耶尼教授的视觉设计课程的研究；三是在课程发展的初期接触到的其他一些重要书籍，在此值得重点提及。

约翰·伊顿（Johannes Itten）的《设计与形式》是包豪斯设计基础课程的经典。和他的两位后任不一样，伊顿的课程主要是依靠绘画来完成，更接近于传统美术的媒介。这本书对我的启发是多方面的，主要有三点：一是课程的结构，他将明暗作为视觉研究的最基本问题，因明暗对比而产生对形式的知觉；二是他的练习与现代艺术的直接关系，如关于材料的拼贴练习与立体主义的关系，明暗构图与纯粹主义绘画的关系；三是他对教学方法的总结，及

体验—知觉—能力三步骤。格雷厄姆柯尼亚（Graham Collier）的《形式、空间和想象》这本书纪录的是一个将现代艺术作为一门可教授的课程。正如赫伯特·里德（Herbert Read）在该书的前言中所指出的"不能够以概念的方式来了解这几个要素（指形式、空间和想象，作者注），而只能通过试验的方式去发现。"这句话可能比书中具体的某个练习还有指导意义。《用右大脑素描》的作者贝蒂·爱德华兹（Betty Edwards）根据知觉心理学的原理来训练学生的素描能力，其中关于空间知觉的练习，即负形素描对建筑学有特别的意义。《本能的素描法》的作者克蒙·尼库莱德斯（Kimon Nicolaides）是个雕塑家，他的素描训练方法一反光影素描的传统，强调用素描来体验对象的体积和空间，即雕塑素描。佛瑞德杜贝瑞（Fred Dubery）和约翰·威拉兹（John Willats）的《透视和其他画法系统》不是一本讨论教学的书，但是该书从视觉思维的角度来讨论画法系统，对如何将画法系统的知识与绘画及视觉设计相结合提供了一个思路。每每提到这本书，我总是会想起它的对立面，就是我们现在国内大学一年级要学的建筑制图。

最初的教学就是把我觉得有意思的各种练习逐一试一遍，在做的过程中逐渐看到不同练习之间的内在联系。一个好的练习往往针对某个特定的问题，比如结构素描要解决对对象的体积结构的认识，雕塑素描要解决对对象的体积感和重量感的体验，负形素描主要解决空间自觉的问题，等等。这门课程所涉及的绘画、画法系统和形式语言这三个知识和技能领域都有各自的练习。这些练习以前都是各自为政，现在我希望找到一个能够把它们整合在一起来训练的方法。格式塔心理学的基本原则就是整体大于局部之和。就这个课程的发展而言，一种超越单一领域的教学方法应该能够在更高的层次实现教育的目标。而知识整合的关键在于如何找到三者之间的内在联系。我认为这三者其实是我们视觉活动的三个不可分割的要素，即形式是对象，画法系统是形式再现的几何系统，而素描或绘画是研究的手段。比如结构素描，研究的形式问题是体积结构，往往是采取轴测图的平行透视方式，而素描方式往往是线条。但是，这一认识似乎还不能够完全达到整合的目的，还需要再把这一思考向前推

进一步。突破口就在于从现代艺术中寻找线索。我选取了三个参照物，即纯粹主义绘画、立体主义绘画和风格派绘画。从形式研究的角度来规定，分别研究形状、体积和空间；从画法系统的角度来规定，分别学习正投形、轴测投形和透视投形；从素描方法来规定，分别训练明暗素描、轮廓素描、结构素描和雕塑素描。其中，正投形和纯粹主义、轴测投形与立体主义都能发生关系，而透视投形和风格派之间的关系似乎有点勉强，但也还是可以找到相应的参照物。以这个课程为基础的《设计与视知觉》于2002年出版，书中收集了12个专题练习，共三大类：明暗、形状、体积和空间是个专题是关于基本形式的研究，光影、质感和色彩是关于形式修饰要素的研究，解析、写实、体验、想象和表现是关于方法的研究。

这种知识整合的好处显而易见。如果你给学生一个类似于纯粹主义绘画的任务，对于没有绘画基础的建筑学学生来说恐怕是不可能完成的。但是，经过一系列分解的操作步骤，学生就有可能完成这一复杂的任务。而且，每个操作的步骤都是一个目的明确的练习，学生通过练习来学习单一的知识或技能，经过几个这样的简单练习，他／她就能完成一个最初无法想象的"作品"，即格式塔心理学"整体大于局部"。每个单一练习的训练是在一个前后关联的情景中完成的，是达到更高目标的一个步骤，因此练习的目的性比较明确，避免了为技能而技能的问题。而知识整合的最大好处是使得绘图和视觉设计这门课程内容变得更加丰富。这并不是美术学院通常的教学方式，我有一个艺术系毕业的助教也曾感悟到，没想到教授绘画还需要有方法。可见，两者的差异性。而从我的角度来看，在发展这门课程中所采用的教学法，与我们在《建筑设计入门》和《空间、建构与设计》两门课程中所用的方法是一致的，只是处理的对象不同。简单地归纳，就是将艺术创作练习化。

2000年以后，中文大学建筑学系的教学大纲经过一次大的调整。将原来一年的绘图与视觉设计课程压缩为一个学期，另外的一半移到二年级，与电脑课相结合。这个改动对绘图和视觉设计这门课来说就意味着将一年的内容进一步压缩到一个学期，

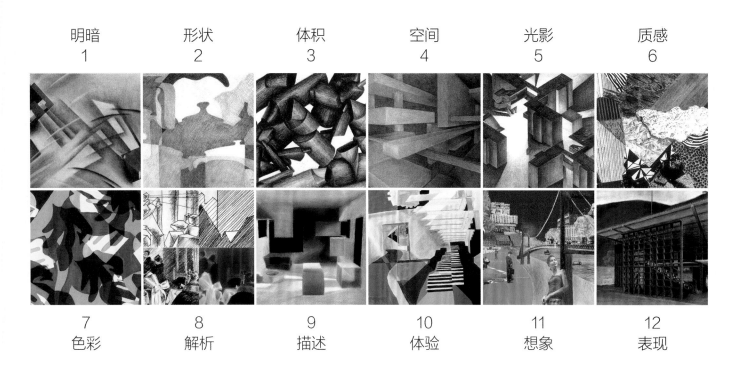

明暗 1	形状 2	体积 3	空间 4	光影 5	质感 6

7 色彩	8 解析	9 描述	10 体验	11 想象	12 表现

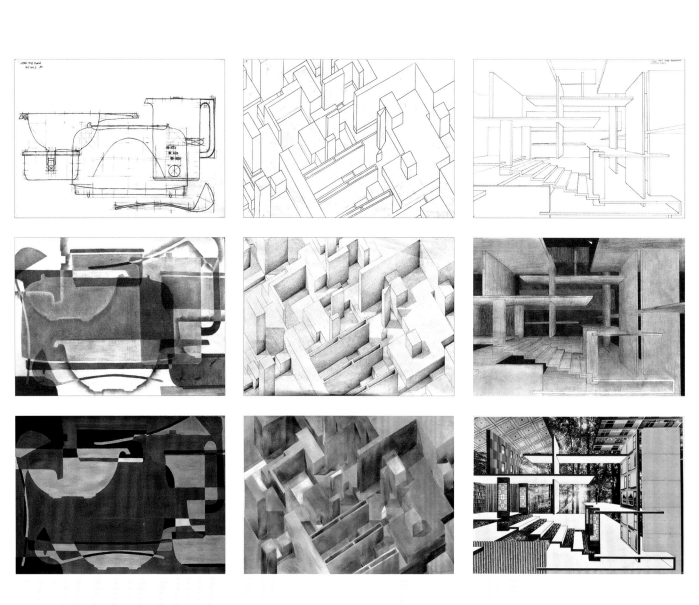

需要知识的进一步整合。经过几年的摸索，形成了现在的教学大纲，即三个研究专题，共九个练习：涵盖了正投形、轴测投形和透视投形三个画法系统，线条、明暗和色彩三种媒介，以及结构素描、光影素描和雕塑素描等素描方法。

四、对中国建筑学美术教学未来发展方向的思考

回顾过去 30 年，我国建筑学的美术教学从鼎盛走向衰退，这是一个时代的大趋势。我在前文中指出传统美术教学对于建筑设计教学的重要性主要体现在三个方面，即以准确性为目的的感觉训练、绘画的工具性和如画景致的艺术修养。可如今建筑设计教学的大方向已经改变，从以准确性为原则的立面推敲及以单一视点的如画景致作为设计追求转向对空间和建构的兴趣，设计研究更多地借助于实物模型，电脑辅助设计手段逐渐取代传统的手绘作图。以前需要花费很多时间才能掌握的渲染技法，现在很容易就可以借助渲染软件来实现。以前我们强调速写作为纪录观察的一个重要手段，现在一个普通的具备照相功能的手机就可以解决问题。在这个大趋势下，建筑学中的美术教学似乎变得不那么重要了，逐渐边缘化了。我们不禁会产生这样的一个疑问：美术教学是否有继续在建筑学中存在的必要呢？事实上，国外的建筑学校已经很少有像我们国内现在的美术课程，也很少有美术教师这个群体。就以 ETH-Z 为例，在皮特·耶尼的时代，该系每年的年鉴都有视觉设计课程的内容，而最近几年该课程的内容已经看不到了。很多学校将美术教学简化为基本的速写或徒手画训练，传统意义的美术训练其实早已消亡。这是不是就意味着我国的美术教学也会循着国外的先例而逐渐从建筑学中消亡呢？我认为不会，美术教学会作为中国建筑教育的一个特色会长期存在。但是，美术教学必须要作出顺应建筑设计教学发展趋势的转变，才能获取新的生存空间，即从纯绘画训练转向视觉教育。

在建筑学的课程架构中保留专门的视觉教育是非常必要的。我们还是可以从设计感知、工具性和艺术修养三个方面来讨论它的作用。我个人认为这里不是一个以新换旧、取而代之的问题，而是要将传统美术教学的内涵扩展、丰富。相对于以准确性为基础的传统设计，我们应该强化对空间和材料的感知训练；相对于传统的绘画训练，我们应该引入更多的设计媒体和方法；相对于对如画景致的古典美术修养的培养，我们应该介绍更多的现代艺术概念和方法。这样的视觉教育必将是建筑设计教学的重要补充。

美术教学在建筑学教育中的定位往往和建筑设计基础课的定位密切相关。有些学校将建筑设计基础课定义为"设计的"基础，将形式语言和基本的作图作为训练的主要内容，而把建筑设计这个根本目的放在一边。把"构成"的抽象形式训练放在建筑设计基础课程就是一个最大的错位。我觉得正确的做法应该是把抽象形式训练的任务交给专门的视觉设计课，而建筑设计基础课应该把注意力放在建筑设计的基本问题上。在这两者之间作出明确的区分是十分必要的。建筑设计问题包含空间和形式、使用功能、场地环境，以及建造技术等问题。而视觉教育则是关于视觉语言的专门研究，有它自身的问题和方法。我在香港中文大学所做的教学实践可以是一个例子。视觉设计课程包含了视觉设计、画法系统和素描方法三个部分，视觉设计课程与建筑设计基础课程相互关联。这个课程是特定的教学条件下的一种可能的选择。我认为条件允许的话，视觉教育应该可以提供更为丰富的训练。

这样的一个专门的视觉教育课程究竟需不需要两年的时间呢？是不是可以将学习的内容做必修和选修的适当划分呢？这些都应该需要进一步讨论。此外，传统的画室是不是还有存在的必要呢？我认为已经没有必要，一种可能是将画室转变成进行不同的艺术试验的工作坊。

最后，上述目标的实现有赖于一个相应的教师群体，传统的以"画家"为主体的教师群体应该向更加多元化的方向发展，不仅仅有传统绘画的人才，还有平面艺术的人才，以及雕塑和其他艺术门类的人才。最重要的是，这些人才能够从事各自领域内的研究，特别是教学法的研究。因为视觉教育的目的并不是培养画家、雕塑家或其他的艺术家，而是具有创新能力的建筑师，我们不能忘了这个最根本的目的。

顾大庆：香港中文大学建筑学院教授

从动态艺术、开放建筑到建筑设计教学

From Kinetic Arts, Open Building to Design Projects in Architectural School

文 / 贾倍思

一、动态雕塑 (Kinetic Sculpture)

动态艺术（Kinetic Art）是指由活动的构件组成，艺术的效果由运动来体现的艺术形式。运动的形成来自电力、马达、风力，或者人手操作。它包含不同的材料、技术和艺术风格，"声、光、电"都成了新的艺术的手段。[1]

[1] http://en.wikipedia.org/wiki/Kinetic_art#cite_note-1

动态雕塑是动态艺术的主要形式。它于 20 世纪初出现，20 世纪五六十年代发展迅猛。它和传统的雕塑同样都有一个三维的形体，和传统雕塑不同的地方不仅在于它比较抽象，而且形体的构件不停地运动。运动是其主要的表现形式，虽然静态也有观赏的价值。

动态雕塑的大师可以追溯到"包豪斯"的教师莫霍里·纳吉 (László Moholy-Nagy 1895-1946 年)[2]。受当时的构成主义和达达艺术的影响，他的几何形构件组合成抽象的三维雕塑，有玻璃、镜片和镀银金属，材质和形状不同，但都锃光发亮（图 1）。这种雕塑是放在一间黑屋子里欣赏的，当这个雕塑开始旋转，用几束光射上去，顿时满屋生辉，又让人感到天旋地转。

[2] http://en.wikipedia.org/wiki/L%C3%A1szl%C3%B3_Moholy-Nagy

图 1a/b 莫霍里·纳吉，《光——空间协奏》，1922—1930 年

瑞士艺术家 吉恩·订圭利 (Jean Tinguely 1925 – 1991 年) 是另一位动态雕塑大师，他处于动态雕塑发展的高潮，是动态雕塑的代表人物。他以工业机器为材料，取消了机器的功能之后，还以人的情感。将冰冷的机械设备人性化是他的取向，有些机器样的雕塑如庞然大物，当它吱吱呀呀地动起来的时候，却又像是调皮的儿童（图 2）。因为这些运动毫无目的，更不见机器的理性和效率。斑斑锈迹不仅给人以沧桑感，而且时空错位，不知是过去还是来世。"通过这些机器，让我达到诗的境界。如果尊重这些机器，让它们自由动行，我们也许可以设计一些纯粹让人'欢欣'的机器，我指的'欢欣'是'自由'。"他还说："艺术的目的是让现实消失，通过速度、声音、光和影的塑造，艺术的真正目的是非物质化。" [3] 非物质化这一点非常重要。

[3] http://www.theasc.com/blog/2012/04/23/jean-tinguely-a-magic-stronger-than-death/

图 2 吉恩·订圭利的动态雕塑

图 3 亚历山大·考尔德，《星》，1960 年，35 3/4 x 53 3/4 x 17 5/8 in

动态雕塑大师还有很多，比如亚历山大·考尔德 (Alexander Calder 1898-1976 年)，他的枝叶样的金属雕塑几乎悬挂在所有当代艺术馆的门厅里。每一组"枝叶"用平衡重量关系挂在另一组"枝叶"上，虽然很重，但看起来却很轻盈，只要有一点风，这组"枝叶"就会慢慢动起来（图 3）。"枝叶"的组成形态出现变化，他的雕塑一直处于变化的状态。就像孔子说的，一脚不能踏进同样一条河里，他的雕塑没有一个重复的形态。而且这种变化，不需要人力或者电力。这是一种最生态、最节简、最经济的动态雕塑，手法最简单——平衡和悬挂。

动态雕塑是 20 世纪的重大发明之一。它不仅丰富了艺术的材料、艺术的形式和艺术的"语言"，还在视觉艺术史上做了革命性的一件事，即在三维空间艺术中加入了"时间"。在这之前，雕塑都是静态的，视觉艺术中没有时间的概念。雕塑是最接近建筑的艺术形式，动态雕塑为作为空间艺术的建筑的发展指出了新的方向，建筑也可以是动态的。传统的建筑史认为建筑是凝固的音乐，动态的建筑可以不再那么"凝固"，更接近音乐的流畅。

然而，动态雕塑的意义不仅限于此，它还提出了另外一个问题，艺术从哪里产生的？是艺术家创造的，还是观众创造的？这是一个比"时间"更重要的元素——"人"。

马塞尔·杜尚（Marcel Duchamp 1887-1968 年）是 20 世纪当代艺术最重要的人物。他的作品《泉》让人吃惊，小便器之所以成为艺术馆里的艺术品，或者是艺术史上里程碑，就是因为他在便器上像其他艺术家在自己的作品上做了一样的事：签名，并命名为"喷泉"。

杜尚一生作品很少，但几乎每件作品都走在艺术发展的前面，他用艺术品，而不是文字，来证明一件事：艺术不是艺术家创造的，是观众创造的。这里可以用他的一件叫"自行车轮"的雕塑，这个被认为是有史以来第一件动态雕塑来说明这个道理（图 4）。

[4] Artspeak, by Robert Atkins, 1990, Abbeville Press, ISBN 1-55859（http://en.wikipedia.org/wiki/Kinetic_art#cite_note-3）

这个雕塑最初创作于 1913 年，用他自己的话说，他从来没想过要做什么动态雕塑，他把一个自行车轮倒插在一个高脚圆凳上，只是觉得有趣。[4] 他时常没事就转一下车轮，看着转动的车轮就像一个人看着炉膛里的火苗一样出神。"出神"是艺术产生的标志。让人看得出神的艺术品，是真正的艺术品，不管这件艺术品是如何制造出来的。如果这件作品真的让人看的出神，我们可以分析它的构成特点。

1. 艺术家几乎没有参与制造，或者说他几乎什么都没做。他把轮子倒插在凳子上，轮子和凳子都是现成的日用品，并不是艺术家设计或制作的。看不出他有任何传统艺术家的真功夫——如造型能力、素描功底、中国画家的"笔走龙蛇"等。

2. 但艺术家因此让轮子和凳子失去了功能。凳子虽然还是凳子，但不能用于坐，轮子还是轮子，但已不能用于交通。两个本来有明确实用目的的物体，就因为艺术家的错接，顿失功能。同时，艺术出现了，纳吉的装置，考尔德的"枝叶"，甚至订圭利的"机器"，和所有的艺术品都有一个特点：没有功能。

3. 这件艺术品需要人去动，轮子才转，而且推动轮子转动很容易，只要顺着轮子的弧线，推一下或者拉一下。观众可以操作，只有通过观众的操作，这件艺术品才形成。

4. 当轮子转起来的时候，辐条给人眼带来了一个错觉，好像它的形态千变万化，同时又有一定的规律，就像是炉膛里的火苗，水上的涟漪、风中的竹林、天上的云彩。

图 4 杜尚和"自行车轮"，1913 年

杜尚说："创造的行为不仅来自艺术家，观众通过破译和解释艺术品内容，和外部的世界相接触，由此加入了自己的创造行为。"[5]

因此我们可以总结动态艺术的特点：

1. 动态艺术丰富了艺术的材料、手段和形式，特别是引进了现代材料和技术。

2. 动态艺术引入了"时间"元素，空间和时间（时空）因此而结合。

3. 动态艺术可以采用现成品，通过取消其特定的功能，而成为富有广阔想象空间的艺术品。

4. 动态艺术直接引入了观众参与艺术的创造。

二、开放建筑（Kinetic Sculpture）

1941 年，吉迪恩（Sigfried Giedio）写了一本书——《时间·空间与建筑》。这本专刊的主题是"时间·人与建筑"。我们对空间的研究远超过对建筑中的人的研究，也超过了对时间的研究。自阿尔伯蒂在文艺复兴时期创建建筑学以来，直到 21 世纪的今天，建筑学一直以纪念性建筑的实体、空间、建构，以及形式逻辑为中心。20 世纪对大量性建筑的关注也无非是将纪念性建筑的设计方法，应用于大量性建筑。一座纪念性建筑有如一座纪念碑，应是永恒不变的，所以时间不重要。我们对"时间"的理解也局限在"空间序列"、"运动中体验"和历史感等层面上。正是由于强调人与建筑在时间中的互动，"开放建筑"（Open Building）运动成为传统建筑学的补充。

就建筑单体而言，灵活性是开放建筑关心的焦点。建筑，作为人体在皮肤、衣服之外的第三个保护层，能否像人的皮肤和衣服一样适应肢体和环境的变化，自我调节呢？20 世纪早期现代建筑大师勒·柯布西耶、密斯·凡·德罗和荷兰风格派的里特维尔德（G. Rieveld）都是主张用现代轻质装配式推拉构件，来加强空间的灵活性和住户的选择权，来解决大量性工业化生产和人的需求日益多样化，以及小面积住宅经济性和人的生活质量不断提高等矛盾（图 5）。到了 20 世纪 60 年代，因为与人的多样化需求的矛盾激化而受到批判。哈布瑞肯提出了"支撑体"（Support）理论，试图给住宅灵活性以普遍适用的意义。他将住宅结构分层，同时脱开技术和决策权两个层面：一个是包括公共设计和管线在内的结构层面，由建筑师等专业人员代表住户群体设计建造；另一个是由住户个体来选择、购买和组装的构件（infill）。他强调这种决策权的分离，用扩大住户对环境的决策权来解决多样性和功能性变化、城市形态共性和个性之间的矛盾。

[5] Marcel Duchamp, from Session on the Creative Act, Convention of the American Federation of Arts, Houston, Texas, April 1957.（http://en.wikipedia.org/wiki/Marcel_Duchamp#cite_note-7）

[6] 贾倍思. 走出空间的建筑学（Architecture Beyond Space）. 武汉: 新建筑,2011,06, No. 139；6-7.

对传统建筑学来说，"开放建筑"是反建筑的。前者关心的是空间，后者关心的是空间在时间中的变化；前者关心的是建筑，后者关心的是建筑和人的互动；前者关心的是建筑的纪念性，犹如建筑师个人的纪念碑，后者关心的是建筑的服务和操作，特别是非建筑师的决策权力。过去二十多年来，不少建筑师和理论谈论建筑的不确定性，但都还停留在空间使用不确定性，而不是空间和人的互动。当前的建筑学日益图像化，时间、人、互动、控制权、参与、生活素质和节能都无法用图像来表达。图像化的建筑是为了出版用的，它让人产生错觉——图像不能表达的就不存在。[6]

三、建筑教育中的开放性

传统的西方建筑史一直把建筑视为"凝固的音乐"，这种情况到今天并没有根本改变，只不过对形体的关注转移到了对空间、材料和建构的关注，建筑设计依然以"凝固"建筑为目的。对时间和人的认识，及设计方法的缺失，首先从建筑教育的改革来逐步纠正。在这方面，20 世纪的动态艺术提供了借鉴。下面介绍我的几个设计课题的基本方法：

1. 利用现有的高度灵活、轻质、工业化和商品化的建筑构件。

2. 强调变化和动态。

3. 取消单一功能主义设计，强调兼容性。

4. 强调人与建筑的互动。

图 5 里特维尔德设计的施罗德住宅（Shroder House）二层平面，1924 年（红色线表示灵活推拉墙）

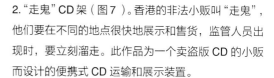

课题一：设计基础课中的装置设计

大概自包豪斯之后，许多建筑学校的教学大纲都
包括装置设计，目的是通过 1:1 尺度下的真实空间的
建造，让学生了解材料的特点。有的抽象，有的有一
定的实用目的（功能），如椅子、墙、或者亭子等。
我们的课题还强调功能的多变，装置的暂时性，可拆
可装，以及材料的经济性，甚至便携。

1. 图板架。图板本身是构成的一部分，由于图板在使
用中在架上有增有减，形成多变的构图（图 6）。

2. "走鬼" CD 架（图 7）。香港的非法小贩叫"走鬼"，
他们要在不同的地点很快地展示和售货，监管人员出
现时，要立刻溜走。此作品为一个卖盗版 CD 的小贩
而设计的便携式 CD 运输和展示装置。

3. 钢珠流线设计。这两个作品没有实用功能，设计
唯一的目的是在装置设计一条、多条钢珠从上到下滚
落的流线。上下滑动的 4 个盒子组成不同的流线，
由观众自己操作钢珠滚落的方式（图 8）。另一个
设计更加轻便，重要的不是帆的形式，而是帆的便捷
的操作方式（图 9）。通过精密的设计，装置的"建
成"简便到只要拉一根绳。

图 6 图板架，K.F.Lui（学生）、Y.C. Lo，
1200cm×900cm×1500cm

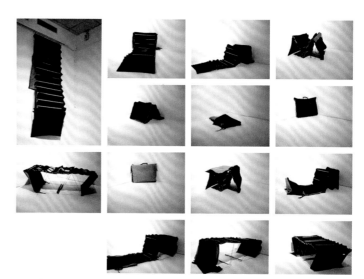

图 7 "走鬼" CD 铺，Y.N.Chan(学生)、C.H. Siu，
全打开 2000cm×1100cm×500cm

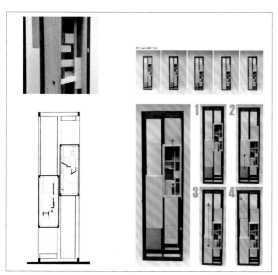

图 8 钢珠流线设计 1，P.C.Lam（学生）、M.C. Yim，500cm×500cm×1600cm

图 9 钢珠流线设计 2，H.Y.Yu（学生），1500cm×500cm×1600cm

课题二：迷你型美术馆

这个练习要求学生做一个 60cm×60cm×60cm
的展示动态艺术的美术馆。其本身也是一件动态雕
塑，有点儿像中国的"多宝盒"，观众要动手打开
或关闭装置的构件，才能完成他的参观。它是对美
术馆形态的挑战。一般的美术馆是被动的，建筑和
展品是不动的，观众走完一个展厅，才可观赏到所
有的展品。而参观这个迷你型美术馆，观众不需要
走动，美术馆本身是变化的，通过观众的操作来展
示展品（图10~ 图 13 ）。

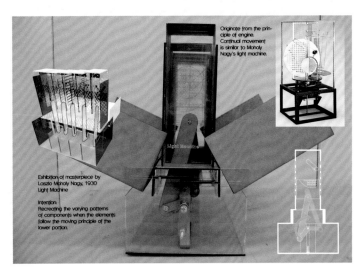

图 10 迷你型美术馆 1， J.H.Gao(学生)，打开时 800cm×600cm×600cm

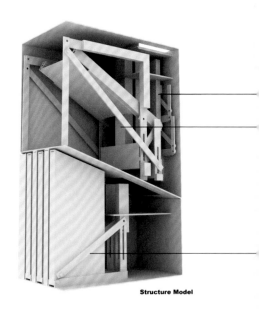

图 11 迷你型美术馆 2， W.Wang(学生)，
打开时 900cm×500cm×800cm

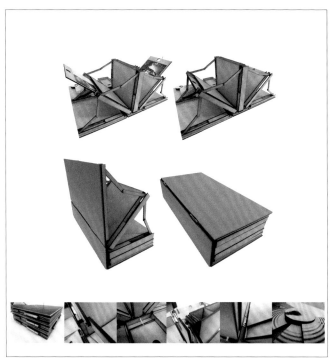

图 12 迷你型美术馆 3， Y.K. Hang（学生），打开时 1000cm×600cm×400cm

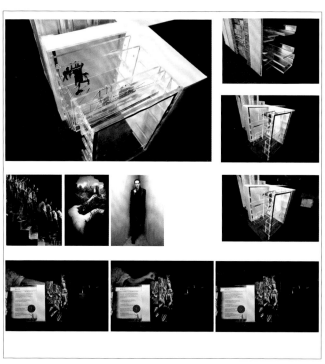

图 13 迷你型美术馆 4， W.W. N. Yu(学生)，打开时 800cm×600cm×600cm

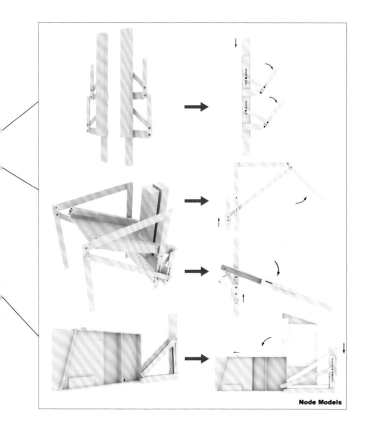

课题三：开放建筑研究

国际建筑设计事务所"BE 建筑设计"(Baum-schlager Eberle Architecture) 的设计特征之一是功能的兼容和适应性（图 14）。这个课题以 BE 的一个真实的建筑为条件做室内设计，室内设计的构件是市场上现成的，如轻质墙、合金龙骨、滑轮等。这是一个小空间多功能，满足生活、工作和社交等用途的住宅单元（图 15）。

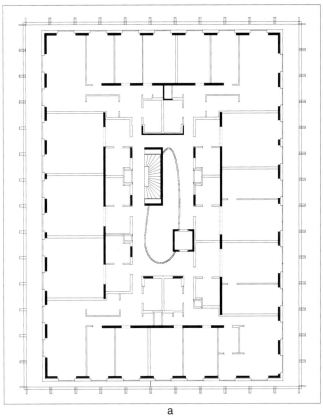

a

b

图 14 奥地利罗巴赫住宅：a. 开放式住宅平面； b. 活动外墙

贾倍思：香港大学建筑学院副教授

匠心焕艺

THE CREATIVE

BOX

XAVIER PROULX
ARC 3014 · FALL 2011

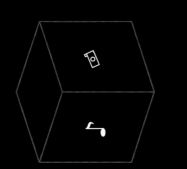

CLIENT: A MULTIMEDIA EDITOR (MUSIC/IMAGE/MOVIE)

NEEDS:

A PART-TIME PHOTOGRAPHER

+

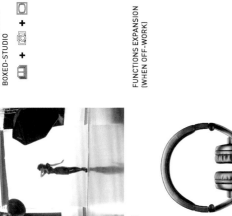

PRODUCTION SPACE

SHOWCASE THE WORK

CREATIVE PRIVACY

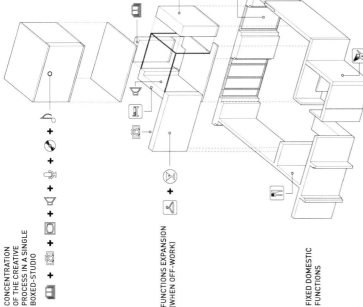

CONCENTRATION
OF THE CREATIVE
PROCESS IN A SINGLE
BOXED-STUDIO

FUNCTIONS EXPANSION
(WHEN OFF-WORK)

FIXED DOMESTIC
FUNCTIONS

1 CLOSED BOX
FREE PUBLIC SPACE
CASUAL LUNCH
(WORKDAY)

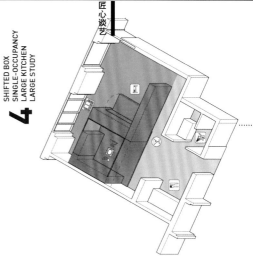

2 EXPANDED BOX
CASUAL MOMENTS
LARGE LIVING ROOM
(OFF-WORK)

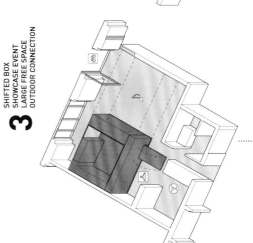

3 SHIFTED BOX
SHOWCASE EVENT
LARGE FREE SPACE
OUTDOOR CONNECTION

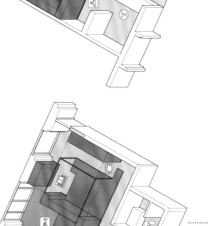

4 SHIFTED BOX
SINGLE-OCCUPANCY
LARGE KITCHEN
LARGE STUDY

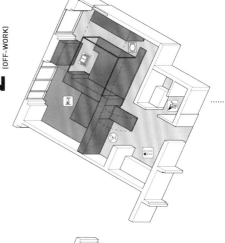

DEPLOYMENT AND
FUNCTIONS DIAGRAMS

图 15 奥地利罗巴赫住宅动态灵活室内设计, X. Proulx（学生）

形式主义的终结与
观念艺术的兴起

The End of Formalism and
the Rise of Conceptual Art

文 / 周宏智　张婷婷

一

1907 年，当毕加索抛出他的骇俗之作《亚威农少女》时，便预示了立体派的诞生。而立体派则是 20 世纪形式主义艺术的开端。沿着毕加索开创的道路，形式主义艺术的演进便一发不可收拾。当立体派挣脱了绘画艺术的再现性传统窠臼之后，的确解放了一种创造力，这种创造力不仅撼动了绘画艺术，同时也给雕塑、建筑乃至各艺术门类带来了划时代的深刻影响。

在立体派的启发下，20 世纪早期，俄国出现了构成主义、至上主义等抽象艺术。在慕尼黑，康定斯基发明了抽象表现主义。在意大利，未来主义者们拆解构图以营造动荡的画面气氛。1918 年，建筑师勒·柯布西耶有感于立体派的创造，发表了《立体主义之后》的宣言并提出了纯粹主义的概念。大约在 1920 年，荷兰人蒙德里安将立体派的形式逻辑发展到极致，创造了纯粹的几何抽象绘画。在德国，格罗皮乌斯领导下的包豪斯积极推崇构成主义和风格派艺术，开创了现代建筑与现代设计的全新理念和实践准则。至此，我们看到：形式主义不仅在纯艺术领域生机勃勃，同时也在现代设计、现代建筑等造型艺术中体现出强大的活力。

到了 20 世纪后半叶，以美国抽象表现主义为代表的形式主义艺术再起波澜，画家波洛克肆无忌惮地在画布上泼洒颜料，美其名曰"行动绘画"。甚至有评论认为，他的艺术突破了文艺复兴以来绘画艺术的基本概念。如果真是这样，与其说波洛克的艺术是一种"突破"，不如说是对绘画的一种毁灭。画家纽曼创作的巨幅单色画更是令人瞠目结舌，一幅名为《人：英雄的和崇高的》的绘画作品悬挂在大都会艺术博物馆，那只是一块 5.4 米长、2.4 米宽，上面均匀地涂满红颜色的巨大画布。纽曼俨然摆出了一副形而上学的架势。就其作品形式来看，已经预示了极少主义的风貌。画家莱因哈特反对艺术作品中过多的主体性介入，也反对在艺术中参照任何外在元素。关于

艺术创作，他提出了 12 条准则："无肌理、无笔触、无线条、无形式、无构图、无色彩、无明暗、无空间、无时间、无尺寸或比例、无运动、最后无对象。"至此，我们似乎看到，历经半个世纪以来的现代形式主义艺术开始步入绝境的端倪。值得肯定的是：形式主义理念对现代设计造成了积极的影响。它在造型风格上的客观性、抽象性、构成性、几何性等特征，契合了工业时代机械化、标准化、高效化的生产模式，同时也呈现了一种删繁就简、美观实用，具有时代感的美学特性。

艺术批评家克莱门特·格林伯格 (Clement Greenberg) 曾指出："现代派的精髓在于运用某一学科的独特方法对这门学科本身提出批评……自我批评的任务是在各种艺术的影响中消除借用其他艺术手段（或通过其他艺术媒介）产生的影响。因此每一种艺术都可变成纯粹的艺术，并在这种'纯粹'中找到艺术质量和独立性的标准。"[1] 按照格林伯格的理论，出现在 20 世纪 60 年代的极少主义艺术算是走到了形式主义的逻辑终点。极少主义的作品除了材料、颜色和形式本身之外就不存在任何其他能量了。而极少主义艺术在彻底实现了造型艺术"自我定义"的同时，也宣告了形式的终结。所谓"终结"并不是死亡，只是走投无路而已。当绘画可以是糊涂乱抹抑或只是一块白色画布，雕塑可以是一堆垃圾或一块不锈钢六面体，那么还有什么可再突破的形式边界吗？倒是表现主义由于占据着道德、心灵和情感的高地而历久不衰。

形式主义艺术之所以走入绝境，究其原因则在于：它是沿着一种直线逻辑的思维模式演进的。在不断地强调形式的"净化"与"纯粹"的过程中走向了虚无。就其积极的一面来说，这种锲而不舍的探索成就了无所不尽其极的艺术景象。"……艺术的功能引着我们走到了当代体验的边缘，让我们去尝试一些看上去牵强的、特别的、与众不同的、新的东西。"[2]

[1] 克莱门特·格林伯格. 现代派绘画. 现代艺术和现代主义. 张坚，王晓文译. 上海：上海人民美术出版社，1988：3-5.

[2] 乔纳森·费恩伯格. 1940 年以来的艺术. 王春辰，丁亚雪译. 北京：中国人民大学出版社，2006：652.

二

极少主义之后，艺术跌入了万丈悬崖，乱哄哄、渺茫茫。艺术不需要以物质的方式来呈现了。新的出路在哪里？先锋艺术家们想到了杜尚，想到了他于1917年抛出的那件艺术作品《泉》——一个陶瓷小便器，以及一系列的"现成品"艺术。

"现成品"可以成为艺术的合理解释就是当人们看到那件"作品"时自然会发问：艺术家为什么选择它？他在想什么？由此，艺术家的"思想"成了问题的核心。杜尚曾说："观念比通过观念制造出来的东西要有意思的多。"于是"观念艺术"在20世纪60年代成为了一种最前卫的艺术。广义来说，大地艺术、行为艺术、贫困艺术、女性主义艺术等，都可看做是观念艺术。因为这些艺术现象大多是强调作者的观念。物体或事件本身并不重要，有些作品只是一个过程，唯有"观念"是最有价值的。美国著名观念艺术家科苏斯（Joseph Kosuth）曾在1969年发表的《哲学之后的艺术》一文中写到："（在杜尚之后）所有艺术（本质上）都是观念的，因为艺术只能以观念的方式存在。"[3]

[3] Peter Osborne. 《Conceptual Art》.Phaidon Press Inc,2002: P232.

观念艺术呈现出形形色色的现象：以身体为媒介的表演、事件或行为的过程记录、用文字或符号表达概念、挪用现实生活等。凡此种种都体现了一个明确的目的，即以直接的、直观的方式表达思想观念。

[4] Peter Osborne. 《Conceptual Art》.Phaidon Press Inc,2002: P232.

可以说，从古至今一切艺术品的背后都隐含着某种观念，只不过是"作品在前，观念在后"。而"观念艺术"的特别之处则在于轻视甚至否定艺术品作为"物"的表象基础和审美价值，唯有"观念"本身是最重要的，强调"观念在前，作品在后"。因此，作品本身呈现什么样的形态并不重要，只要能够以直观的方式传达某种观念就达到目的了。笔者不否认观念艺术在理论上的合逻辑性。但在现实中，观念艺术往往带给人一种神秘、诡异、荒诞的印象。如若观念艺术只体现在单纯的艺术活动中，便无可厚非。因为那些人、那些事、那些作品并不强加于公众。但是，在公共艺术、产品设计、建筑设计、实用美术等方面，过分介入观念艺术的理念；过度强调艺术家个人观念的体现而忽略了作品的审美性、实用性及安全性等，就难免走入歧途。例如：借助作品，以个人或少数人的意志刻意挑衅公众审美趣味或道德准则；过度滥用自然、文化及物质资源等现象都是不可取的。以某些公共建筑为例，建筑师在作品中过分强调主观意志的表达和视觉效果，因而不惜成本，造成巨大的财力物力浪费，甚至带来令人堪忧的安全隐患。再有，形式

至上、观念至上、功能让位于形式、作品服从于观念，难免导致建筑的异端化、妖魔化。

近年来，经常在互联网上看到国内一些令人望而错愕的古怪建筑。网络上、市井间议论纷纷，疑惑、反感是舆论的主要倾向。笔者断言：不是老百姓看不懂，而是建筑师与业主合谋，将一些特立独行的主观意志和观念强加于大众。往积极的方面想，这些建筑或许要传达某种创新带来的惊喜、高科技的力量、独特、宏大、富强等观念。可大多数老百姓眼里看到的；心里想到的却是怪异、阔绰，一掷数亿、数十亿金。由于过分堆砌和挥霍昂贵的建筑材料，致使作品的物质感盖过了它的精神性，从而给人最强烈的感受不是宏伟、崇高、壮丽，而仅仅是"不差钱"。在网络上看到国内某城市一个在建的大型建筑，它的整体外观就是一枚大铜钱，从建筑的形式和构造上看，这的确是一个大胆的构想，同时它也直白地传达了一种观念——拜金主义。

观念艺术开拓了艺术的维度，"使艺术的焦点从表述形式转变为表述内容，这就意味着艺术的本质从形态学转变为功能性的问题。这种转变——从'外观'到'观念'——是'现代'艺术的开端，也是'观念'艺术的开端。"[4]观念艺术从某种意义上来说是主观的、个人主义的。在公共艺术中强调作品的观念性没有错，但是不能放弃作品的功能合理性、实效性，公共艺术必须顾及社会文化形态的主流意识，不能用个人观念挟持公众意志。回顾20世纪早期的建筑大师们，他们似乎持有一种居者有其屋的职业责任感，有一种济世安邦的怀抱和理想。在他们留给世人的丰富遗产中，不仅限于那些伟大的作品，更有一份对公众、对社会的责任心。相比之下，当今少数建筑师或大师，他们更关心个人意志和观念的表达，且恰逢一个浮躁的社会和一些坐拥亿万财富并怀有暴发户心态的业主，于是便催生了大量标新立异特立独行的建筑。这是一种扭曲的设计理念，是一种不健康的价值取向。

周宏智：清华大学建筑学院教授

建筑表皮与光效应艺术　　The Architectural skin and OP Art

文 / 杨志疆

艺术之于建筑的作用在当代和以往已有很大的不同，过去建筑学教学中的素描、水彩、水粉等相关艺术课程关注的是对建筑师艺术技能的训练，这种训练的目的是希望建筑师能对建筑的形式有更好的把握。而随着现代艺术的传播与普及，在当代，艺术之于建筑更多的作用应该是一种艺术思维的影响。同时，随着建筑技术和建筑材料的提高与发展，这种艺术思维已完全有条件转化为建筑思维，这是真正的艺术与建筑的融合。在这一点上，光效应艺术就有很强的说服力。

光效应艺术又称"欧普艺术"，"视错觉艺术"，Op Art 是兴起于 20 世纪 60 年代的一种新的实验性艺术。就历史渊源来讲，印象派、点彩派中跳跃的色与光，蒙德里安的抽象、未来主义的运动，甚至立体主义的空间结构等都对光效应艺术的诞生提供了艺术的养分。

简单来说，这种艺术形式是一种纯粹的抽象艺术，其探究的重点是特定的图形与色彩在作用于人的视觉之后，而呈现出的复杂视觉感受。它"主要以人的知觉、幻觉、透视、色彩的物理性反应所产生的心理效应对人的视网膜进行光的试验"，[1] 用最抽象的图形语言，比如垂直线、平行线、曲线、正方形、圆形等作为造型的元素，然后琢磨通过怎样的特殊排列方式，如并置、复合、错位等来创造一个视错觉的世界。光效应艺术的本质是希望用最简单的方法表现最强烈的效果。艺术家们虽然使用的还是最传统的画布、颜料，创作出的作品本身也是静态的，但让观众体会到的却是闪烁、流动、旋转、放射等运动的感觉，并让他们最大限度地参与了最转瞬即逝的形状与最耀眼的形状一起出现的视觉盛宴的闪耀。

诉诸作品，我们来看艺术家朱利奥·勒帕尔克（Julio Le Parc）的《作品系列，31D 第 22 号》（图1）画家通过不断地在油画布或简单的体积上使用由十四种色彩组成的色调，并展开了以大量有序排列的方与圆构成的框架。它展现了对结构感、运动感及光感变幻的探索，并将"一种视觉艺术的客观规则的有效性与巴洛克式的引人入胜，或者将人催眠

［1］葛仁鹏. 西方现代艺术·后现代艺术. 长春：吉林美术出版社，2000：142。

［2］（法）让 - 路易·普拉岱尔著. 当代艺术. 董强，姜丹丹译. 长春：吉林美术出版社，2002：56。

一样的乐趣结合在了一起，艺术家方法的彻底的严密性以及这种办法的不容置疑的运用，造成了一种美妙的色彩的丰富性，一种令人惊叹的起伏与颤抖，并造成相当吸引人的三维空间幻觉"[2]

光效应艺术其实是一种视幻艺术，强烈的视觉效果也消解了其作品的深度，或许这也是为什么在 20 世纪 70 年代光效应艺术走向衰落的原因之一。但不可否认的是这种通过抽象性、结构性、几何性所创造的艺术语言，在丰富了作为艺术的外延的同时，却极易转化为一种装饰语言和设计语言。在这种情况下，光效应艺术已远非是某种流派那么简单了。特别是在当代，当它跨越画布与建筑结合在一起的时候，就创造出了完全不同于以往的全新的建筑表达方式，那就是现今非常流行的具有强烈视觉效果的建筑表皮的设计。

早期现代主义建筑提出"形式追随功能"的理念，但这一理念发展至今已有了很大的异化。"形式"和"功能"都具有了各自的独立性。在一定意义上，建筑的表皮可以脱离功能，成为可以独立存在的体系，并因这种独立性而具有了丰富的表达性和可变性。

另外，就建筑材料而言，除了传统的砖、木、石以外，新兴的材料如玻璃、金属、陶瓷等也都有了很大的发展。比如面板材料，建筑师常用的就有玻璃板、金属板、复合木板、石板、陶瓷板等，还有微晶玻璃、高压层板、水泥纤维板、无机玻璃钢、陶土板等多种材料。这就好比艺术家调色板中的各色颜料，任由建筑师去搭配组合。

图1 朱利奥·勒帕尔克《作品系列，31D 第 22 号》

所以，独立的建筑表皮为建筑师提供了各种的可能性，但这种可能性最后是需要由设计语言去表达的，而支撑设计语言的必定是建筑师的设计思维。同时随着现代建筑的发展，几何性和构成性虽然依旧是建筑设计的重要组成部分，但随形的视觉效果的创造也越发为建筑师所关注，而光效应艺术所具有的强烈视觉感受必定会对建筑设计具有极大的启发性，这成为一种艺术语言转化后的艺术思维。

赫佐格与德默隆可能是最早将建筑表皮作为其设计主体的建筑师，他们的作品大都摈弃了几何性，转而追求简单体量上的视觉冲击，这很类似于极少主义与光效应艺术的某种结合。比如，他们早期在巴塞尔的铁路调车场建成的沃尔夫信号楼，就是在纯粹简单的形体外面包裹和编织出一层奇特的铜片外皮，而使建筑成为铁路调度场具有地标性的巨大极少主义雕塑（图2）。信号楼被挤在一处位于铁路和桥之间的复杂地段之上，箱体被自上而下斜切去一个角而显得更具雕塑感。整个外表面用20厘米宽的铜片横向编织起来，在不同的面上不同的高度上，这些铜片开始微

妙地弯曲卷起，当然每一片卷起长度与范围是不同的。建筑师将这些卷曲组合排列起来，于是这些面便在视觉上开始闪耀你的眼睛，不同的角度，不同的光线，它们呈现出不同的视觉动感（图3）。对比光效应艺术家布里奇特·赖利（Bridget Louise Riley）的绘画作品《瀑布Ⅲ》并不难看出这其中的同构关系（图4）。

赖利的这幅《瀑布Ⅲ》可能是光效应艺术史上最具代表性的作品之一。她在静止的画布上，用黑、暗红并置而成有规律的粗细线条，按程序化编排成波浪式图案，这种结构语言给人造成一种波动的行进感，在眼前摇荡翻腾，使观众处于一种催眠般的视幻感受当中。因此用静止的画布来创造动感的视觉效果是光效应艺术的主旨之一，这一主旨后来被很多建筑师用于其作品的设计当中。比如UNStudio设计的韩国天安市的商业综合体就以双层表皮的方式，用富于变化的金属网来包裹整栋建筑。白天在阳光的照射下，立面表情丰富，而夜晚，通过IED灯光和多媒体的介入，使整个建筑的外表皮流动了起来，流光溢彩（图5，图6）。

图2 沃尔夫信号楼外景一

图3 沃尔夫信号楼外景二

图4 布里奇特·赖利，《瀑布Ⅲ》

图5 韩国天安市商业综合体具有动感的外表皮

图6 韩国天安市商业综合体夜晚的灯光效果

位于巴塞罗那的阿格巴塔（Agbar Tower）由法国建筑师让·努维尔设计，这座 145 米 31 层高的建筑是巴塞罗那水务公司的总部大楼（图 7）。努维尔的设计构思是想通过多变的表皮来表现水的流动性和多变性，因此整幢大楼由双层表皮复合而成。内层是混凝土外墙，外挂彩色波形铝板，由红、粉、蓝、灰及其相近色共 25 种颜色组成（图 8）。外层为玻璃百叶，倾斜角度依据下午 13：30~19：30 太阳的入射角度来控制，其数量多达近 60000 片（图 9）。如此复杂和色彩丰富的建筑表皮无论在白天还是夜晚都呈现出异常多变的视幻效果，这实在就是立体的光效应绘画（图 10）。

这里我们用努维尔的配色体系来同瓦萨莱利

[3]葛仁鹏. 西方现代艺术·后现代艺术. 长春：吉林美术出版社，2000：142。

[4]葛仁鹏. 西方现代艺术·后现代艺术. 长春：吉林美术出版社，2000：142。

（Victor Vasarely）的作品进行对照。瓦萨莱利无论是在理论探索还是创作实验方面都是光效应艺术的先行者和导师。他主张以新的方式和新的构成法则，运用所有的语汇去创造艺术（这也正是努维尔所推崇的）。在艺术实践中，他认为："一幅作品本质上是有赖于光学视觉的作用而存在于观赏者的眼睛和脑海里。"[3] 在作品《红窗》中，他"在同等尺寸的小方格标准平面上，再置放正方形、菱形的标准色块，并利用色相的对比，色度的明暗关系，色素的鲜灰程度，结构成绚丽的色彩画面，建立起炫目而又迷惑知觉的视网膜震荡系统"。[4] 整幅画迸发出灿烂而又绚丽的色彩效应和动感韵律（图 11）。

反观阿格巴塔的展开立面的色彩体系（图

图 7 巴塞罗那阿格巴塔外景

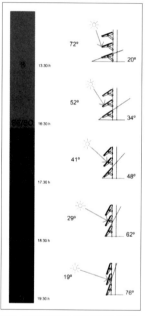

图 9 阿格巴塔玻璃百叶的倾斜角度由太阳的入射角确定

图 8 阿格巴塔的彩色建筑表皮

图 10 夜晚阿格巴塔成为巨大的光效应雕塑

12)，几乎遵循着同《红窗》一样的配色体系和色彩结构，这或许只是一种巧合，但从另一方面却说明光效应艺术当年的探索和实验已被肯定为一种"色彩学"，作为艺术家的努维尔深谙此道。

如果我们再用艺术家莫尔莱 (Morrellet Francois) 于 1956-1958 年"连字符号" (hyphers) 期间创作的作品《任意性配置》（图 13）同阿格巴塔的开窗展开立面进行对比的话，就会发现他们几乎一模一样（图 14，图 15）。莫尔莱这一作品所使用的方法是从电话号码簿上挑来的数字来直接决定单元的位置，为此他解释说："如果把很简单的形体（根据格式塔的理论是好的形体）复叠，并且在角度上不断变化，一个完全的构成系列便会显现，这些完美编

［5］[美]西里尔·贝雷特著. 光效应艺术. 朱国勤译. 上海：上海人民美术出版社，1991：120。

排的构成（作为一种美学体验）要比那些只直觉的独特作品更有鉴赏价值，甚至和那些由心理学家设计的试验相比也更有意义。" [5] 这段文字完全可以解释阿格巴塔混凝土立面的设计逻辑。

补充一点，瓦萨莱利，莫尔莱同努维尔一样都是法国人。

对于现今很多热衷于设计建筑表皮的建筑师而言，未必会知道上述这些艺术家和他们的作品，但他们创造这些具有感染力的视幻效果的建筑表皮的努力确是同光效应艺术家的艺术理念相通的。这也就是为什么在很多建筑师的作品中都能找到类似的光效应艺术作品来进行比对的原因，这是一个非常有趣的现象。

图 11 瓦萨莱利，《红窗》

图 13 莫尔莱，《任意性配置》

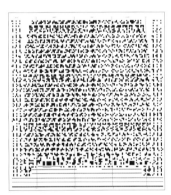
图 14 阿格巴塔混凝土墙体上的开窗展开立面

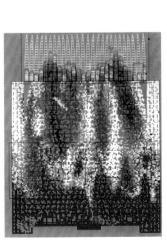
图 12 阿格巴塔展开立面的配色关系

图 15 阿格巴塔混凝土墙体上的开窗局部透视

图 16　巴塞罗那的 Mercabama-Flar 花
卉市场近景透视

图 17　Mercabama-Flar 花卉市场的彩
色金属装饰百叶

图 18 吉恩·戴维斯，《月犬》

比如由西班牙 WMA 事务所设计的巴塞罗那的 Mercabama-Flar 花卉市场，建筑由锌板覆盖整个大跨空间结构，其侧面用竖向的彩色金属百叶装饰。（图 16，图 17）。对比吉恩·戴维斯（Gene Davis）用五彩缤纷的直线构成的作品《月犬》（304.8cm×487.68cm，1966 年），线条的组合方式以及色彩的搭配关系都十分接近（图 18）。而 OMA 事务所设计的深圳腾讯公司总部大厦（图 19），其外表皮的微妙的渐变处理则同美国画家安纽斯科韦兹（Richard Anuszkiewicz）的《绿色的入口》（274.32cm×182.88cm，丙烯，1970 年）亦有异曲同工之妙（图 20）。他们都试图通过线条的疏密组合，颜色的浓淡变化，而将平面（无论是画布还是建筑表皮）变得凹凸起伏，波折流转。另外由 HHD-FUN 事务所设计的天津滨海新区办公楼的金属表皮，由 12 种镂空图案组合而成（图 21），这同瓦萨莱利的作品《波红星座 3》（图 22）一样，都是在统一中寻求视觉的微妙变化。

类似的实例不胜枚举，从本质上说，建筑表皮和光效应艺术都在探索视觉效果的种种可能性，其实就是在玩一种"视觉魔术"，从这个意义上讲，建筑师和艺术家没有区别。

图 19　OMA 深圳腾讯总部方案

图 20　安纽斯科韦兹，《绿色的入口》

图 21　HHD-FUN 事务所设计的天津滨海新区办公楼的金属表皮

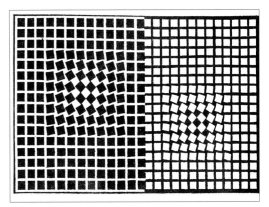

图 22　瓦萨莱利，《波红星座 3》

参考文献：　① 王瑞云. 美国美术史话. 北京：人民美术出版社，1998.
② （美）西里尔·贝雷特著. 光效应艺术. 朱国勤译. 上海：上海人民美术出版社，1991.
③ Gerhard Mack . Herzog & De Meuron 1989-1991 . Birkh ä user . 1996.
④ 韩国 C3 出版公司. 单数·双数（上）. 武汉：华中科技大学出版社，2006.
⑤ OMA RECENT PROJECT . GA . 日本，2012.
⑥ 凤凰空间·北京. 建筑立面材料语言素墙. 南京：江苏人民出版社，2012.
⑦ 佳图文化编. 商业综合体（Ⅱ）. 天津：天津大学出版社，2012.

杨志疆：东南大学建筑设计研究所副教授

Visual culture and Vision

Author: Thomas Tsang

Quote:

"Yet when an image is presented as a work of art, the way people look at it is affected by a whole series of learnt assumptions about art."

- Ways of Seeing, John Berger

中文摘要：

　　视觉文化是在可信赖的社会学和意识形态的专业框架下发展的视觉认知，在语言表达的基础上，用扩展媒介来表达视觉研究。它的显著特点是把本身非视觉的东西视像化。视觉文化研究是关于寻找一个集中和结构化的方式，是一种系统化的方法。这个过程需要反复地推敲，比较各个领域的关系。在以图像为主导的当代交流环境中，使人逐步意识到视觉知识和视觉思考，包括判断性思维、视觉分析、个人体验等，将视觉文化扩展至艺术史等更深刻的领域，并寻找一个更深远的文化历史和全球文脉的认知。在世界许多地方，视觉文化教育涉及了社会研究、媒体研究、文化研究和建筑空间研究等领域。在我们的教学课程中，学生建立了超过 800 个词汇，将其系统化地排列和标识出来。通过词汇作为笔记的开始，可以使用绘图、建模和拍摄等方法，发展并试验他们关于现实中视觉文化的想法，使笔记与课程材料具有共生性，并通过实验性的媒介和这些材料来辅助对于视觉文化的探寻，从而锻炼学生的视觉文化思维和表达能力。

Accumulate

Starting from my childhood, I am always encouraging to abandon my ususal perception, but actually these perception are long instilled and accumulated through my experiences education, and culture, etc, which cannot be easily erased. For example, an artwork known as "Dolphin Illusion" was presented by nine dolphins arranged in an shape of a couple, this optical illusion gives off two completely different meanings, two distinct message can clearly distinguish people from different age range. 'Learnt assumptions' affect greatly how I see and feel about the work of art in person, and this is unavoidable.

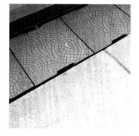 

Quote:

"interdisciplinary study consists in creating a new object, which belongs to no one."

- An Introduction to Visual Culture, Nicolas Mirzoeff

Linkage

The object described in the quote shows a quality of connecting different studies together, serving as the bridge in bewteen categories or boundaries. Our daily observation is always related to all kinds of elements in our lives, therefore, visual culture is like a product created by interweaving all things that are living or dead, natural and artificial. As the base of visual culture is already multi-disciplinary, everything can be considered as part of visual culture, visual culture has a boundless capacity, what is visible is only the surface of the object, it's content should be even richer, deeper."

匠
心
谈
艺

Quote:

"When the camera reproduces a painting, it destroys the uniqueness of its image. As the result its meaning changes. Or, more exactly, its meaning multiples and fragments into many meanings."

- Ways of Seeing, John Berger

Puzzle

What I usually see reproduction is a beneficial method to allow a larger population get access to education and knowledge. In here, reproduction has been illustrated into a decline of artworks' prestigious status. The quote contrasts with my assumption towards reproduction, and challenges my attitude towards uniqueness. What is the value of originality, when an art piece is no longer in its original context, the influence of a drawing or a sculpture is therefore completely lost. Originality includes numbers of factors, for example the time period, the birth place, all contributed to the artwork's purity and rarity.

Quote:

"In Mitchell's view, picture theory stems from the realization that spectatorship may be as deep as a problem as various forms of reading and that 'visual experience' or 'visual literacy' might not be fully explicable in the model of textuality."

- An Introduction to Visual Culture, Nicolas Mirzoeff

Dynamic

Media can sent message verbally and visually, different media target on different sense, as the result different layers of feelings are manipulated in receivers, a wide range of interpretation are triggered. The most interesting thing is that, both text and picture can be received through eyes directly, while the message behind can be created, arranged or twisted differently by both producer and receiver. The processes of understanding and instillation vary in quality, structure, and impact among audiences. Uniqueness of both media becomes their limitation that is the reason why they are equally irreplaceable in forming a dynamic world.

Quote:

"The more imaginative the work; the more profoundly it allows us to share the artist's experience of the visible"

- Ways of Seeing, John Berger

Closer

This quote stated how far can imagination bring us to, while observing, the artwork, the artist speaks to the audience individually. When things captured or drawn off the ground, we are more likely to be led into a less constrained area of interpretation. This quote reminds me of artists like Picasso and Dali, whose work are very sophisticated and perplexing, these artists instilled their personal experience inside their art piece, like Picasso's interpretation of war in 'Guernica', Dali's childhood memory in 'The Great Masturbator'. After all digestion and dilution through ones mind, what remains become the most memorable one.

Quote:

"Visual culture is a tactic, not an academic discipline. It is a fluid interpretive structure, centred on understanding the response to visual media of both individuals and groups."

- An Introduction to Visual Culture, Nicolas Mirzoeff

Slave

'Culture' is always broad, as everything involves culture. To me, visual culture is really a tactic affecting how people interpret and feel about what they see. It is precise. Colors, symbols, lines, fonts… All elements are involved in it and they have to be considered how people would feel when they see it. It reminds me the clip introducing Helvetica, the font that is simple and looks common but much more powerful than I had thought of. The same font, can give totally different message to the viewer with different colors or when it is bold/italic, demonstrating the influential tactic.

Quote:

"…everything we see in the 'real' world is already a copy. For an artist to make a representation of what is seen would be to make a copy of copy, increasing the chance of distortion… Painting and imitation are far from the truth when they produce their works."

- An Introduction to Visual Culture, Nicolas Mirzoeff

Lava

Everyone sees the world differently. Everyone interprets the world differently. So who can define the real world? And who can assure that it is real? Probably no one can see the real world. Then is it necessary to persist in how much 'distortion' in a representation of an artist? True, painting and imitation may be far from the truth, but it is one of the ways for us to see the artist's world, affecting our ways of seeing to the world.

Quote:

"We never look at just one thing, we are always looking at the relation between things and ourselves. Our vision is continually active, continually moving, continually holding things in a circle around itself, constituting what is present to us as we are."

- Ways of Seeing, John Berger

Pressure? Pleasure?

We are always looking at the relation between things and ourselves probably because as what John Berger mentioned, when we saw somebody, we expected he would see us as well. We care about what people think of us, thus we are aware of what are within our circle. For instance, a person may not want to stand beside a poster advertising pornography or prostitution, because he/she does not want others to associate them with those things, so the person may walk away. The relation between things and ourselves will probably be more significant when the distance reduces.

Quote:

"…seeing is not believing but interpreting. Visual images succeed or fail according to the extent that we can interpret them successfully."

- An Introduction to Visual Culture, Nicolas Mirzoeff

Shrink

A successful interpretation may be one of the elements for a visual image to succeed, especially for the functional stuff. For example, green light indicates forward, and the red indicates stop in traffic lights, so we usually expect to see the same rule applied in other things, such as green tick and red cross. But to artistic stuff, we sometimes cannot interpret everything. But it does not mean it fails, as long as it may somehow communicate with the viewers' heart.

Quote:

"…We explain that world with words, but words can never undo the fact that we are surrounded by it. The relation between what we see and what we know is never settled. Each evening we see the sun set. We know that… Yet the knowledge, the explanation, never quite fits the sight."

- Ways of Seeing, John Berger

Big game

Visions, emotions, relationships… We can use words to describe them. But it is true that there is always a gap between the words and the reality. Perhaps there is nothing can perfectly fit the sight. Yet, the gap has been the room for viewers to imagine, or to recreate another stories. And to some extent it allows us to hide part of our feelings and thoughts. While we still want to vent, to express. Then the gap has made this happen.

Quote:

"The average person spends at least an hour a day waiting in line"

- Ways of Seeing, John Berger

Time: Slot

Everyone has only 24 hours a day. It could not be brought nor create, therefore time is extremely valuable. There are so much that people wanted to do, but only little could be done. When we think back at the end of the day, a lot of time is wasted on queueing up. Waiting in line is probably an act that people live in the urban will experience everyday, and window is always the obseve of the change of time in this case.

Quote:

"Actual Cities of a certain magnitude and complexity - like Tokyo or Hong Kong - tend to be a mixture of all three kinds outlined in Isozaki and Asada's typology: they are real, surreal and hyperreal all at once and can be seen in different ways."

- Ways of Seeing, John Berger

Part of It

The rolls of tape symbolize the bonding between two material. A performance could not be successful without the help from all front and back stage crew. Therefore, in this photo, the interaction between light, space and figure would like to be shown through the use of tape which formed a short tunnel. Furthermore, it is placed in such direction because the element of performance could be shown through the shading of the model figures.

Quote:

"A primary experience in everyday life is that of being engulfed or overwhelmed by images."

- Visual Culture and the Death of images, Journal of Visual Culture, Norman Bryson

Mess

'Mess' were mainly shown in the zoom out photo. It is true that we are overwhelmed with images today since nearly all sorts of art forms can be captured as images. Some clay models of women are displayed in the background in order to show the inaccurate display of ratio, as well as strong contrast between colors. Sometimes, contrast in ratio or color could attract one's attention to an image, scenery, or movement. However, if they overwhelmed, it will cause confusion and mess up one's thinking.

Quote:

"The built space of the city not only evokes finical progress and the spatial appropriation of power but also gives us cultural residents, dreams of the future, as well as intimation of residential."

- Ways of Seeing, John Berger

Music~Architecture

Someone said, music is somewhat a form of architecture, where music is about the transformation between one note to the other, how it approach to another range of notes, how smooth and comfortable it is when the chunk is played at once. The same theory could be applied to architecture: it is all about how spaces link together and form the "architecture". The figure is placed facing back to the audience because it could show the role of conductor in a band as well, just like how architect oversee and take control of a project.

Quote:

"In the same way that these authors highlighted a particular characteristic of a period as the means to analyze it, despite the vast range of alternatives, visual culture is a tactic with which to study the genealogy, definition and functions of postmodern everyday life from the point of view of the consumer, rather than the producer."

- An Introduction to Visual Culture, Nicolas Mirzoeff

Film Poster

Visual culture is the bridge linking us, mainly the consumers, to the postmodern everyday life. And the postmodern in the author's view is a period when the fragmented culture, postmodernism, is best imaged and understood visually, rather than understood literally like the newspaper and the novel. However, it is the wealth of visual images that actually makes postmodernism a clutter era. Since the producers of visual images are everywhere, the main point we are supposed to study urgently now is how to absorb the visual information critically and creatively and use visual culture as a tactic or weapon to overcome the challenges postmodernism is bringing.

Quote:

"For visualization of everyday life does not mean that we necessarily know what it is that we are seeing.......The gap between the wealth of visual experience in the postmodern culture and the ability to analyze the observation marks both the opportunity and the need for visual culture as a field of study."

- An Introduction to Visual Culture, Nicolas Mirzoeff

Indigestive

For the boom of visual images in contemporary life, we have countless accesses to visual experience. But we actually don't understand what all these mean and the content the visual image want to show. To some extent, rather than helping us to understand the world, overwhelming visualization is making us confused. Therefore, here is the visual culture, as a field of studying, offers us a platform to learn to analyze our observation and research into the myth of visual experience. And in my opinion, visual culture is a means for us to visualizing our thoughts making it much easier to be understood and making it more organized rather than just piling all the things up.

Quote:

"In other words, visual culture does not depend on the pictures themselves but the modern tendency to picture or visualize existence. This visualizing makes the modern period radically different from the ancient and medieval worlds. While such visualizing has been common throughout the modern period, it has now become all but compulsory."

- From Visual Culture to Design Culture." Design Issues, Vol.22,No.1 Winter, 2006

Tendency

Visualizing has become everything throughout the modern period and we visualize our daily life as a kind of born ability even if we don't clearly know that we are doing it. The tendency of visualizing and picturing existence just can't be stopped. It pushes us forward like the sea waves keeping us visualize something, really out of ourselves control. Then, the horrible and irresistible tendency results in the thriving of visual images when we are still not prepared well enough to analyze and deal with the boom properly.

Quote:

"While modern critics of mass culture have historically defined kitsch as an aesthetic of the masses, contemporary kitsch cultures defy simple hierarchies of high and low culture or class-distinct cultures.……understanding kitsch thus means moving beyond these simple definitions of high and low..."

- From "Visual Culture to Design Culture." Design Issues, Vol.22,No.1 Winter, 2006

Fragmented World

We should not simply define a culture as high or low. And kitsch culture as a mass culture fights against the simple hierarchies thus if we want to fully understand kitsch, we should move beyond these simple definition and watch it without prejudice. Because, the way kitsch objects express themselves can be some kind ironic and moving in and out of the concept of authenticity. From my point of view, I think it maybe the way that kitsch objects express themselves is conceptual, abstract and ironic with some practical meaning.

Quote:

"The sun never knew how wonderful it was, the architect Louis Kahn said, until it fell on the wall of a building."

- Showing seeing: a critique of visual culture, Journal of Visual Culture, W.J.T. Mitchell

Sun Gives Lives

The sun and building contracts, the sun has light but the building is dark, thus when the sunshine at the building (dark) the sunlight becomes more beautiful due to the contrast. Thus, sun and building are complementary.

The sunshine by itself seems surplus and extra but when it shines on the wall of a building it gives light and life to the building. With light in the building people are able to then create their habitant in the buildings. The life also keeps the building warm and lively.

Quote:

"The 'reading' of the image is a central faculty of the discipline."

- From "Visual Culture to Design Culture." Design Issues, Vol.22,No.1 Winter, 2006

Contemplatation

The Visual plays an important role in the cultural formation and representation in contemporary society. That is, it has come to be dominant cognitive and representational form of modernity. Therefore, the most urgent and important thing for us to do now is to understand how the visual pushes forward idea and thought through various medium platforms. The transformation path and the delivered ideas are the key for us to 'read' the image. Thus, visual culture's central faculty is to read. Since there is a wide gap between viewer and the viewed, we should build a bridge to connect these two things.

Quote:

"Seeing comes before words...but there is also another sense in which seeing comes before words.."

- Ways of Seeing, John Berger

Crime Scene Evidence

A child looks and recognizes before it can speak thus, there is no doubt that seeing comes before words. The same concept applies in a lawsuit, visual evidence is always valued more than people's words; visual evidence cannot be made up since it can been seen with own eyes but words on the other hand can be twisted easily.

A child can look and see before he/she can speak but the child cannot recognize what he/she is seeing if he/she does not know. The way things look does not affect the way people know, without knowing what the object is for even by looking at it will not change the way people know.

Quote:

"Disappearance, is more a matter of presence rather than absence, of superimposition rather than erasure."

- Photographing Disappearance in Hong Kong, Ackbar Abbas

Leaves Blankets

Disappearance is the result of presence, without presence one wouldn't know disappearance. The existence of layers gives a misconception of disappearance, since layers creates obscureness, in another word the outcome is unclear and uncertain. An example, the blurring effect in photography create obscure images that lead people to conceptualize disappearance.

Disappearance does not equate with erasure, not being able to see with our naked eyes does not mean that the object has disappeared. The object has simply been placed in a different layer or another location.

Quote:

"Strong belief in someone, or else some greater power like God, helps to fuel belief in yourself and gives you direction."

- The Laws of Simplicity, John Maeda

Beliefs Makes Direction

Holy supreme supernatural power builds confident in people. Knowing there is always someone behind their backs and someone who will always provide guidance gives comfort. Comfort then gives power and condiment to face difficulties and problems in life.

Greater power comes in hand only with a hard working and confident person. A person with ordinary intelligence have a greater chance of being successful compared to a smart but negligent person. The power of god is limited, god can only help us to a certain destination, the rest really depend on what we choose to make out of our life.

 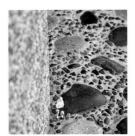

Quote:

"Memory implies a certain act of redemption. What is remembered has been saved from nothingness. What is forgotten has been abandoned."

- "The suit and the photograph", Ways of Seeing, John Berger

Moving On

The act of collecting memory is holy, significant moments must be identified and saved since they are one's treasure. The collection of memories begins with an empty 'basket' but as time goes by the 'basket' fills up. The 'basket' therefore only has space for ones that are worth remembering and rest will be abandoned.

There are memories remembered that are insignificant and only bringing pains to this world. It would be better if these memories were abandoned rather than saved. Memories that bring pain are not worth remembering since it will only hold us back from moving forward. It will only make a better day and a better future if we can leave the pass behind.

Quote:

"In an electric information environment, minority groups can no longer be contained - ignored. Too many people know too much about each other. Out new environment compels commitment and participation. We have become irrevocably involved with, and responsible for, each other."

- Ways of Seeing, John Berger

Apple

Apple, as a leading computing company in the world had surely played a large part in the act of globalization and westernization. However, apple, on the other hand, did not lead to a result of 'health' because people are over relying on technology and people can simply live without none of them today. Can you afford not to use your phone or computer for a day? The internet brought the world closer, but also further away. Technology in today's world taught us about other minority groups, but it also comprise stereotypes.

Author: Thomas Tsang, FAAR Assistant Professor, Department of Architecture University of Hong Kong

神至而迹出——
浅谈草图在建筑设计的意义

Trace with Spirit –
Brief Discussion on the Meaning of Sketches in Architectural Design

文 / 王冠英

"草图是集智慧、经验、手法、技巧于一体的重要表现形式。"

"建筑设计草图可以说是以最快的速度、最简单的工具、最省略的笔触将闪现于脑际的灵感具象地反映于图面。草图在不断琢磨、比较和变通过程中，又可能触发新灵感火花，使构思向更高层次发展，变通所产生的诱发性效果又往往可使设计构思进入一个始料未及的新境界。"

艺术创作有个共通的特点就是"神至而迹出"。所谓的"神至"就是创作者在内在的思想情感和精神有感触，从而触发了创作和表达的欲望。"迹出"就是表达的方式、方法和载体，它包括了所有的艺术类别，只是他们根据自身的特点和领域的不同有各自的表现方式。在这里我关注的只是建筑设计过程中的思想和灵魂的载体和表现形式——草图。

随着计算机各种软件的开发和应用，好多学生对草图重视越来越少了。立体形象的思维和空间假想的能力同时退化。他们在设计时只能依赖计算机的软件来完成设计。当然，计算机可以完成许多设计后期繁琐的工作，而且质量和速度远远超过了人工。但是对计算机过分地依赖却会使学生失去创作灵感、失去假想空间的能力，失去有更多设计方案的可能性。计算机是机器，它的表达具有局限性，它只能创造出定量的世界，并转化成视觉图像。计算机是一种有约束的语言，它对设计没有选择，也不会对设计做深刻的感悟和解析。计算机会使许多有价值的内容和信息丧失。无节制的应用计算机将直接影响学生的形象思维表达和交流能力的发展。尽管计算机可以被创造性地使用，但它毕竟需要有灵魂的人来操作，因为计算机本身并不具有灵魂。在建筑艺术的设计中我们不只是创造有意味空间，我们更需要表达和传递传统及当代的人文精神。如果我们要发挥电脑后期的潜力来设计，就必须学会用草图的想象和表达的思维方式。

画草图是一种绘画过程。在一张白纸上留下一个痕迹，或是画一条线，就会立即改变了纸面构建出新的空间，给空白的纸注入了我们生命活动的痕迹。各种图形和丰富的笔触不断的介入，人就会将平面变成了各种虚拟的空间，将虚构情景通过想象，变成了可见的画面。这些"痕迹"使单一的平面丰富起来，从一无所有中展现出潜在的维度。笔迹和平面共同参与对话，相互交换正与反，切换对象和基础的关系。通过线条对纸面空间地切割，使其释放出了平面上隐含的或生成的能量。

纸面上的"痕迹"也是变异的主题。形体明暗度和角度的微小变化，形体的尺度和离视点的距离，纸面的肌理质感和色彩变化，都使你浮想联翩从而产生新的、更多的灵感。草图的潜力在于从大脑—眼睛—手—纸面—大脑，在这样信息地反复循环之中，新的灵感和变化的机遇也就会更多。

草图包括两方面的技能：敏锐的思维和快速的表达。思维敏锐性是一种强化能力，即清晰、准确地在自己假想环境和空间中"看到"全面信息的能力。快速的表达则是经过长期刻苦的绘画训练具备的一种技能。草图具有开发视觉信息促进思考的能力，这对于未来建筑师尤为重要。想象敏锐性与我们艺术修养和知识面的宽窄有关。快速的表达则与我们绘画技艺的熟练程度有关。想象和表达是相互依赖，又相对独立的。想象是草图表达的起点，表达是想象的呈现和表述方式。但要快速地画出草图，两者都必须有意识地进行训练。普通的人在没看见建筑建造起来前，很难想象它建成是什么样子的，而建筑师在设计的过程中就会设想建筑的形体、内部空间的大小尺度、节奏、过渡、连接材料的形式等。

草图简化概括地表达了设计者的假想建筑物。设计者可以用他们自己特有的图形语言和方法很快地将它画出来。在表现设计建筑时，许多图形语言就可以被放在一起，并在画面的同一空间显示出来。这种图形语言可以被安排在一个抽象的环境中，其秩序、位置与组合，会传达出更多的信息。从这点说，草图有很强的私密性，草图是设计师自己思考的物化表达，它就是设计师思维过程的图形记录，对于设计师自己有着非常隐秘的作用。草图所传递的信息用文字是不能描述的，因此它是建筑设计过程中不可替代的过程和工具。

草图的思考过程是设计师与草图间的一种相互交流，是交流过程中眼、脑和手共同作用的结果。他们在设计中的灵感都是建立在现有的草图基础上的。一切思想都是相互联系的。思考交流的过程就是将过去的设想进行重新筛选，对草图地反复推敲是设计的精神和理念的精髓的承载。我们的设计中都充满了各种信息和修养。想象和思维通常处在一种下意识的反射层面上，这些一旦唤起了设计师过去内心深处的生活经验和专业修养，就会达到一个自觉的、有目的的创作境界，做到建筑设计的"无中生有"。

关于草图，安藤忠雄先生这样说过："草图是建筑师就一座还未建成的建筑与自我还有他人交流的一种方式。建筑师不知疲倦地将想法变成草图然后又从图中得到启示；通过一遍遍不断地重复这个过程，建筑师推敲着自己的构思。他的内心斗争和'手的痕迹'赋予了草图以鲜活的生命力。"

建筑设计是高度复杂的、综合的问题。并非有了草图就能够解决全部问题，它毕竟是一种建筑艺术创造基本的手段。草图也是设计团队间有效的交流手段。它只是进行创造性思维的载体和起点。草图之所以重要，是因为它们展示和记载了设计师设计思考的过程。草图对建筑师有相当大的帮助，草图的潜在作用往往超过了它的本身。草图可以使一个人的洞察力通过思考和观察而增强。在反复地推敲中会产生新的思想或回馈出新的意义。草图能开发设计师的灵感和个性间的联系。

草图在设计中的实际应用，在好多书中都能见到大师设计过程的实例，必须多看、多学、多想、多练。草图熟练地应用，是学生们未来成为优秀建筑设计的前提。一旦学生们掌握了用画草图协助设计的思考和表达的方法，他们就找到了通向设计大门更有效的途径。正所谓"神至而迹出"。

参考文献：① 《大师草图》丛书编辑部. 大师草图. 北京：中国电力出版社，2007.
②陈志春. 建筑大师访谈. 北京：中国人民大学出版社，2008.
③（美）罗桑得. 素描精义. 徐杉等译. 济南：山东画报出版社，2007.

阿尔多·罗西 - 柏林商住楼

王冠英：上海大学美术学院副教授

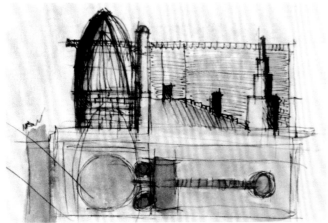

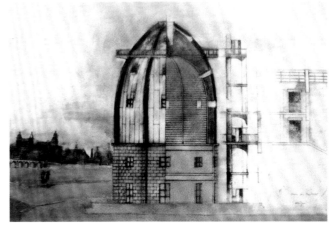

阿尔多·罗西 - 博尼方丹博物馆新馆

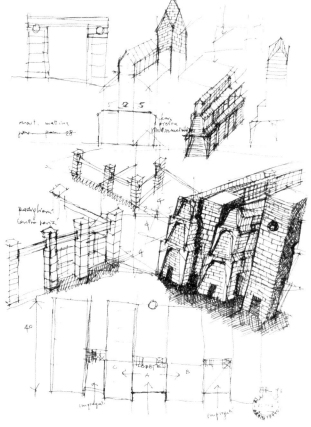

阿尔多·罗西 - 科学公园

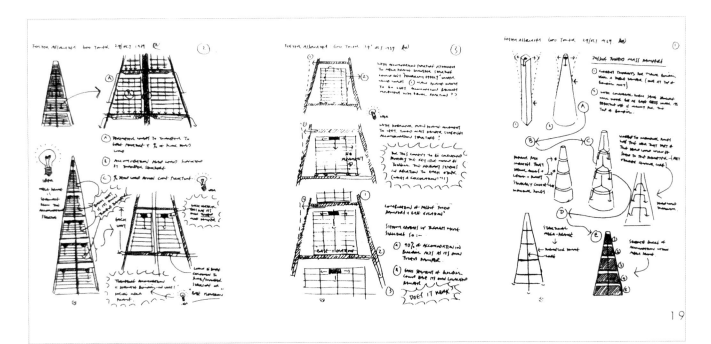

阿尔多·罗西 - 科学公园

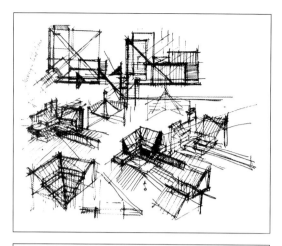

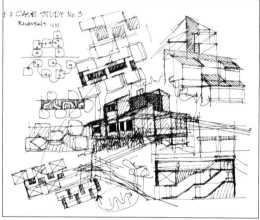

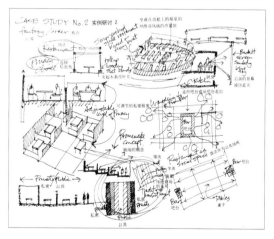

阿尔多·罗西 - 博尼方丹博物馆新馆

设计构思草图之一
设计构思草图之二.
画在餐巾纸背后的西格勒住宅的构思草图　戴维·斯蒂格格利兹

Art·Reading

从艺术看建筑   From Artistic Perspective observe Architecture

文 / 贾倍思

   艺术作品不仅记录建筑空间，而且描绘人的活动。不仅写实，而且虚幻。艺术的作用在于将两者结合在一起，这正是建筑设计所缺乏，而需要艺术的填补的东西。更不用说在照相机发明以前，绘画是了解历史建筑和其生活场景的重要渠道。分析古今中外的艺术案例，犹如进入时空隧道，可以让我们进入到建筑的非物质的层面，光、影、层次、序列及人的活动场景和情感。

图 1 读信的女人和窗口的男人

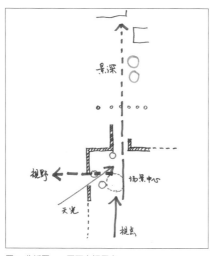

图 2 分析图——平面空间层次

图片来源：
Peter C. Sutton,
Pieter de Hooch
1629-1684,
Wadsworth Atheneum and
Yale University Press,
New Haven and London,
167 页

从艺术看建筑之一

评彼得·德·霍琦（Pieter de Hooch 1629-1684 年）的"读信的女人和窗口的男人"（1668-1670 年）57cm×49cm

背景介绍

   在 17 世纪的欧洲，荷兰自然主义风格的艺术达到巅峰。霍琦以其一贯的描写家庭生活和室内场景而成为最具代表性的画家之一。他通过对室内陈设、空间和光影的表现来探索人的心理活动（图1）。画中主角是一位身着红色外衣，银色长裙的端庄的妇人，坐在窗前的桌边读信。窗前的青年，好像是个信使，端着酒杯，看着窗外。阴影里还站着一个女人，望着读信的人，她和观众一样，想知道这是谁的信，信中写了什么，读信的人会有什么反应。当时社会中青年男女的交流离不开他们充当信使的仆人。

空间和行为

   画中描绘了室内一角，这种构图让人有身临其境。左边的窗户被顶端画框切一部分，暗示层高较高。窗外隐约看到街景。从男青年的眼神可想象到窗外也许的确有景可观。右边的门洞通向一个柱廊，从巨大的柱式可想象这个柱廊的规模。柱廊外是一个花园，花园尽端是一座立面气派的别墅。画中丰富的空间层次，不仅交代了主角的身份和所处的环境，而且增强画的趣味性。让人的思绪和读信的女人一样，随着望向远处的目光，飘出了室外。

   天光通过高窗，像瀑布一样，洒向画面的中心，让一个普通的室内出现只有在舞台才看到的场景。而室内的其他部分却隐隐约约地藏在阴影里，好像神秘莫测。

对室内设计的启示

   这个室内场景既是现实的，也是艺术家设计的，理想化的。霍琦经常使用类似的场景，反映了他对这样的空间布局情有独钟。他的故事性的和丰富想象力的室内空间包括以下元素：

1 较高的层高

2 高窗

3 光阴对比

4 有多层次的景深

5 内外视线贯通，窗外要有景可观

6 家具陈设少而精，少量有历史神秘感

7 人的装束和活动是设计要考虑的一部分

从艺术看建筑之二

评张镐（清，约 1736-1795 年）的"瀛台锡宴图"

(36.7cm×207.7cm)

背景介绍

2009 年 11 月，香港艺术馆借调了辽宁省博物馆 30 幅藏画，办了一个名为"繁华都市"的画展。此幅画为其中之一。

乾隆皇帝于乾隆十一年（1746 年）曾先后在农历八月二十七、二十八两日，分别赐宴宗室和公卿大臣。此画完成于宴会之前。农历八月二十二日，宫廷画家由户部尚书带领到丰泽园、瀛台等处写生起稿，最终选定画师张镐绘制。然而，画只是长卷的一小部分。这是中国典型的诗书画合一作品，而且是有乾隆牵头的群臣集体创作。在张镐的画后，乾隆写了一篇序。其中两句话耐人寻味，"三爵无限，尚余恭俭之仪。一日追欢，敢忘惕乾之警。"大意是酒过三巡，不忘勤俭节约；一天欢乐之后，仍要保持危机意识。他最后说："千言成序，自愧无文。七字导吟，共成全首。"下面是一首长诗，每位参加宴会的大臣宗室写一句，而乾隆只写了长诗开头的第一句。

空间行为分析

张镐的画也很好地衬托了乾隆所要的表达的领袖的谦逊，与人同甘共苦的精神。他没有直接刻画宴会的盛况，甚至没有画乾隆。他画的是宴会开始鼓乐齐鸣前的最后一刻的宁静。

瀛台位于北京中南海，四面环湖，为帝皇后妃游观、避暑之地。画面从右至左，依次绘制了瀛台的空间序列（图1）。入口由石桥引入正门翔鸾阁，内庭过后卫涵元门，门前停了大轿，两旁有侍从、仪仗及官员，暗示皇帝已经驾临，进入了正殿涵元殿。涵元殿的另一边，仪仗乐工已排好，官员列队肃立，筵席就绪，就等着皇帝步出涵元殿，锣鼓齐鸣，山呼万岁了（图2）。院子左边的蓬莱阁里隐约可见一群古装戏子，准备演出。后面是临湖花园，迎薰亭边花木灵秀、荷池静逸。湖面微波涟漪。整个画面宁静清雅，而乾隆和宴会盛况却已呼之欲出。

景观分析

张镐只画了乾隆步出涵元殿之前的状态。之后发生的事情需要观画者根据他的暗示自己去想象。艺术的魅力不仅来自美的画面，而是让观画人通过自己的想象，完成艺术品，达到满足感。张镐是通过充分利用中国建筑的特点，并将之描绘得淋漓尽致，达到这种艺术境界的。

首先，中国建筑是群体，不是单体。其次，中国建筑有一个空间序列，不同空间中的人的行为是可以理解的，可以解读的。第三，

图 1 瀛台空间序列

图 2 涵元殿

中国的建筑有一个虚实开阖的节奏，或者室内和室外结合的节奏。它可以隐藏一部分活动，表现另一部分活动，而且隐藏的部分也是可以解读的。如，画中没有乾隆，但我们知道他的存在，而且知道他在涵元殿。这给观画者一个导向性的想象空间。第四，中国建筑注重室外活动，这在张镐的画里得以充分地表现。第五，中国建筑空间不是靠肉眼来观赏的，用透视图来表现的。它是靠想象来理解的。张镐用当时肉眼无法看到的鸟瞰来描述空间场景。

这幅画表现了中国建筑和西方建筑和建筑学完全不同的世界观，值得重视和研究。

图片来源：
香港艺术馆 2009
"繁华都市 – 辽宁省博物馆藏画展"
140–143 页

贾倍思：香港大学建筑系副教授

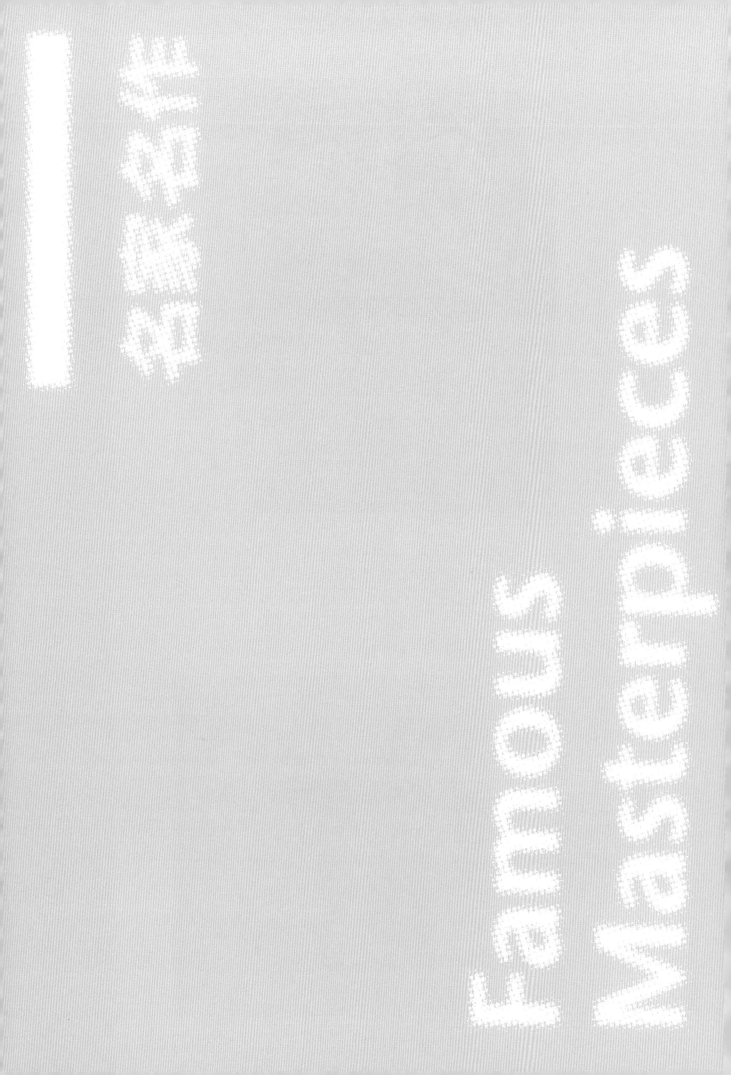
名作住宅

Famous Masterpieces

吴良镛《伊斯坦布尔清真寺》

梁思成《长清灵庆寺慧崇塔》

刘骥林 《对歌》

刘凤兰 《碧云寺》

杨雪 《路漫漫》

杨义辉 《村落》

赵军 《皖南民居》

邦庆和 《西递》

高冬 《青岛老街》

曹雄 《童年的记忆》

周宏智 《米兰 Emanuele 长廊》

华炜 《衣舍》

冯浩群 《带钟楼的伊斯兰建筑》

洪毅 《远处带拱桥的风景》

汪炳璋《薄雾》

傅凯《千年幽梦》

张奇 《菜院子》

储小平 《没有雪的冬天》

程远 《西北民居》

陈飞虎《水边小镇》

靳超 《村落黄昏》

邬春生 《没落的帝国》

周建华 《梦里水乡》

周鲁淮 《徽州民居》

陈静勇 《毛主席纪念堂建筑立面（局部）》

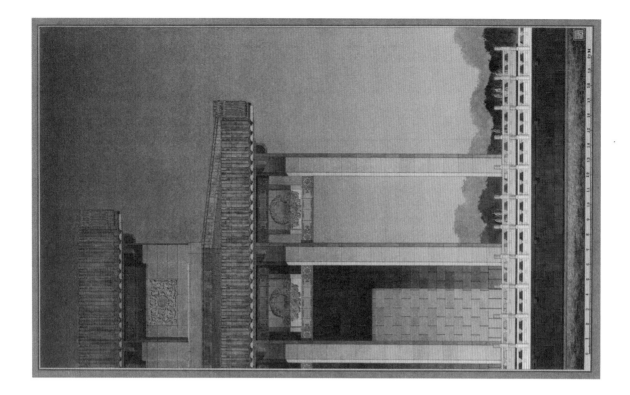

尚金凯 《壶口瀑布》

名家名作

赵思毅《穿越》

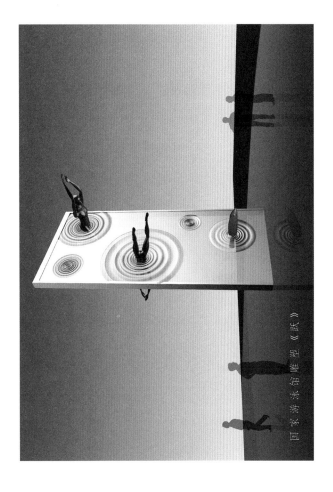

国家游泳馆雕塑《跃》

王兵《古道》

鄂烈炎 《荷塘》

曾琼 《樱花古韵》

Art
Communication

The Art Works of Naia del Castillo

Author:Naia del Castillo

中文摘要

Naia del Castill,西班牙艺术家、雕塑家、摄影师。她的艺术生涯起始于雕塑创作,现在的作品多涉及摄影、雕塑和演艺之间。Naia del Castillo 认为,设计同我们周围从属性的人和事息息相关。因此,在她的设计中我们可以看到人类接触这个世界的媒介:物体、家具、服饰等,她相信借助一个物体可以理解任何环境、兴趣和人类的初始思想等。在 Naia del Castillo 的作品中,雕塑的形态有了新的改变,她意图以此来改变社会、历史和材质之间的关系,因此,她用这些材质的结合,渗透了缔结新关联的意义。

BIOGRAPHY

Naia del Castillo was born in Bilbao, Spain in 1975. Del Castillo was educated in her home country of Spain at the Basque country University and subsequently at Chelsea College of Art in London, gaining a BA sculpture and MA Fine Art respectively. From 2000 to 2012 Del Castillo has resided and worked in Bilbao, Rotterdam, London, Barcelona, Paris, Rome, Hong Kong and New York City, through many fellowships and supports from which we can stress the Rome Prize in 2008 and in 2009 her residing and working in New York as an artist in residence at the ISCP Studio Residency Program.

She has been commissioned by the Prado Museum for two pieces of work to commemorate 25 years of the Foundation of Friends of the Museum, and by Loewe to celebrate their 160 anniversaries. She was awarded with the prize for "The Best Exhibition" in Festival Off of España Photo05, represented Spain in Paris Photo05 and in the show through Scandinavian museums "Nuevas Historias". A New View of Spanish Photography and Video Art" with the aim to put the spotlight on an area of contemporary photography in Spain.

Her works is part of the collection at the Prado Museum, Reina Sofia Museum, Artium Museum, Center of Contemporary Art of Malaga, and Museum of Fine Arts in Houston, Maison Europeene de l´ Photographie in Paris, among others.

STATEMENT

Del Castillo started her artistic career as a sculptor, and nowadays although she works midway photography, sculpture and performance she still keeps a deep interest in objects and materiality.

Her line of thinking has to do with subordination to the things and people all around us.

She considers objects, furniture, and dresses as the surface through which we relate to world. She believe that an object can refer to any circumstances, interest or preoccupation of human beings.

With sculpture, shetransforms their shape with the intention to alter their social, historical and material relations, so therefore she creates pieces imbued with a new capability to relate.

1
Domestic Space-Bed,
Colour photograph.
100 cm × 100 cm,
2000

2
Exhibition view El Puente
de la Visión Santillana
del mar Cantabria.
2005

ARTWORK

In Trappedshestarted to reflect on a humanized object and objectified human, concerning the question of why we say we own the space in which we live.

Is this possible? Are we really owners of our surroundings?

Our domestic spaces are a bunch of spaces defined by their uses. There is a dinning room, where we eat, a kitchen where we cook, a bedroom with our bed where we sleep,etc.

If we use the house under its rules, why we keep saying we are its owner? Is not the house, in contrast, our owner and obliges us to play its way?

In response she worked on some sculptures and photographs, which showed a subject physically, linked to the house, to itself or to other subjects through clothing, hair or household furnishing.

3
Domestic Space-Chair,
Colour photograph.
76cm × 100 cm,
2000

4
Dialogues III,
Colour photograph,
90cm × 100cm,
2000

5
Seducer,
Colour photograph.
100cm × 100cm,
2005

6
Farmyard,
Colour photograph.
140cm × 110cm,
2004

7
Courtship - Colour
photograph.
76cm × 100cm,
2002

About Seduction explores seduction as a theme. It deepens into the circular game of power and the rituals and strategies to seduce.

In seduction Del Castillo is interested in the use of the body. The body is no longer physical and become an artifice. In seduction, the body needs to signify something else. The body gets cover of attitudes, desires, presences, absences, ornaments, manoeuvres, claims, etc. It is part of the ambivalence. It is one player of the game.

In about Seduction she worked with make up, light and pieces of clothing such as Toile de Jouy (a French fabric of the 18th century), to reflect on ideas of induction, persuasion and contradiction as well as to question conventions about archetypes and roles in seduction.

8
Exhibition view Arco
2007

Untitled, Bronze,
Colour photograph.
90 cm × 100 cm, 2006
Untitled, Bronze,
White leather and iron plinth,
140cm × 50cm × 35cm

Works which take part in the
exhibition of me away, Loewe.
Travelling exhibition
Circulo de BellasArtes, Madrid,
and Mori Museum,
Tokyo.

9
The tree of the
jeweller,
Colour photograph.
74cm × 100cm,
2005

10
The two sisters,
Colour
photograph.
125cm × 100cm,
2005

11
Exhibition view at Parisphoto
2005

In Offerings and Possessions this body of work focuses on the desire to possess and the need to offer us in return. Envy and lust appear as obsessions to attain those objects of desire immediately, totally, absolutely.The body is used as a trade element, as a thing.

The Passage of Time reflects on the idea of transience and the feeling of expiry. While she was working in this theme she was commissioned by the Prado Museum and the Esteban Vicente Contemporary Art Museum to work on a number of pieces to establish a dialogue between the Arts of past and the present, works that would be shown to the audience the large presence of the old masters in the production of contemporary artists. She produced two photographs and a live performance titled Matryoshka, which deals with the idea of genesis through music, theatre and art. Matryoshka, original idea from Naia del Castillo, consists both an installation and a performance, breaking the boundaries between disciplines like Art, Theatre and Music.

12
Santa Bárbara,
Colour
photograph.
50cm × 65cm,
2006

Matryoshka emerges from an eternal circular movement; expresses life cycle of unstoppable fertility channeled this motion by a large powerful doll while act of defiance expresses in from of shelter, are concealed with half of the body hidden by hairs. Her feet are anchored and frozen however from her ankle to head are unrestrained and free for monument. The layered of different dresses bound her as she slowly releases and undresses like a Matryoshka doll, while the music and voice accompany this transition of unfolding. In a continous destruction and reconstruction, we trespass the boundaries of concealment, growth, fullness, death and renaissance.

13
Matryoshka

14
New Territories,
Colour
photograph.
80cm × 100cm,
2010

17
Narciso, Colour
photograph.
35cm × 35cm,
2011

15
Entre flores y medusas,
Photographs on silk with
cotton thread embroidery,
25cm × 25cm,
2010

16
Montañas,
Colour
photograph,
136cm × 100cm,
2012

Her actual body of work, Displacements,
is an on-going investigation about our
coexistence with nature; it explores the
ways we have altered and rebuilt nature to
turn it into a representational element such
as landscape or even as an adornment.

Naia del Castillo：西班牙毕尔巴鄂艺术家

筑美资讯

2013年
第二届全国高等院校
建筑与环境设计专业学生美术作品
大奖赛金奖作品

Information

赵志伟　天津大学建筑学院　《素描》
指导教师：董　雅　陈高明

周　蔚　中央美术学院建筑学院　《素描》
指导教师：王　兵

杜百川　重庆大学建筑城规学院　《大雄宝殿》
指导教师：杨古月

侯林普　河南工业大学　《平遥古建》
指导教师：蔡雪辉　黄向前

姚大鹏　东南大学艺术学院　《福建客家土楼》
指导教师：张志贤　曾　伟

黎　鸿　南昌大学建工学院　《西江苗寨》
指导教师：虞　敏

盖　也　天津美术学院　《天津 大沽桥》
指导教师：彭　军　王　强　侯　熠

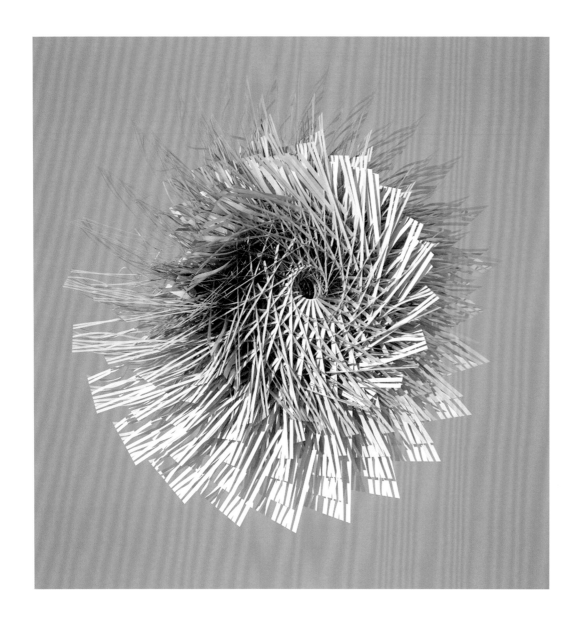

孙　柯　中国矿业大学　《风眼》
指导教师：胡　伟　贾　宁

郑天乐　许闻博　谢　亚　蒋　祎　齐良玉　戴　赟
东南大学建筑学院　《透明》
指导教师：朱　丹

殷鹏飞　北方工业大学　《静物》
指导教师：宋长青

韩　娜　山东建筑大学　《室内景物 2》
指导教师：张志强

丁建菘　中央美术学院建筑学院
《建筑表现 4》
指导教师：王　兵

一、刊物介绍

《筑·美》为全国高等学校建筑学学科专业指导委员会建筑美术教学工作委员会、中国建筑学会建筑师分会建筑美术专业委员会、东南大学建筑学院与中国建筑工业出版社近期联合推出的一本面向建筑与环境设计专业美术基础教学的专业学术年刊。

本刊主要围绕建筑与环境设计专业中的美术基础教学、专业引申的相关艺术课程探讨、建筑及环境设计专业美术教师、建筑及相关专业设计师的艺术作品创作表现鉴赏等为核心内容。本刊坚持创新发展，关注建筑与环境设计文化前沿；力求集中展示我国建筑学专业和环境设计专业的艺术创作面貌、各高等院校建筑与环境设计专业美术基础教学成果为主要办刊方向，注重学术性、理论性、研究性和前瞻性。

二、办刊宗旨

以展示各建筑院校和美术院校中建筑学专业和环境设计专业相关的美术基础教学、前沿艺术活动、教师艺术风采等为目标，旨在推动建筑与环境设计专业美术及相关教学在该专业领域的良好发展。

三、刊物信息

主办单位：
全国高等学校建筑学学科专业指导委员会建筑美术教学工作委员会
中国建筑学会建筑师分会建筑美术专业委员会
东南大学建筑学院
中国建筑工业出版社
开本：国际 16 开

四、各栏目征稿要求

重点关注：紧跟焦点、拓宽视野、话题深入，选取焦点信息，报道最新的、关注率高的事件、人物等。

大师平台：集中展现曾活跃在建筑领域、美术领域，为我国建筑界和美术界做出卓越贡献的大师的艺术作品。

教育论坛：着眼建筑美术教育研究、造型基础课教学研究、各高校的实验教学优秀案例等。

匠人谈艺：最新、最权威的理论评说、国外前言理论译著、建筑师或制作团队的专访、业内资深建筑学者的对话等。

名家名作：推荐当代建筑界美术家及教育工作者的代表作品，形式活跃、内容丰富。

艺术交流：此版块内容活泼、时尚、新颖，可完全脱离建筑层面的局限，主打艺术界的相关内容。

艺术视角：通过艺术作品及优秀设计案例的介绍，促进建筑学和环境设计专业设计教学的发展。

筑美资讯：整合资源，学校、教师作品的推介，最新竞赛设计作品，相关设计作品，最新相关图书信息等。

《筑·美》征稿函

五、稿件要求

论文格式：Word 文档，图片单独提供。

1. 中文标题。
2. 英文标题。
3. 作者姓名（中文）、作者单位（全称）。
4. 正文：3000～5000 字，采用五号宋体字编排。
5. 文中有表格和图片，请单独附图、表，并按征文涉及顺序以图 1、图 2 等附图，并写好图注。图片要求：像素在 300dpi 以上，长、宽尺寸在 15cm 以上，所有图片要求 JPEG 或 TIFF 格式，矢量文件中的文字必须为转曲格式。
6. 注释：对文内某一特定的内容的解释或说明，请一律用尾注。按文中引用顺序排列，序号为①②③……，格式为：序号、著作者、书名、译者、出版地、出版者、出版时间、在原文献中的位置。
7. 参考文献：格式同注释，序号则为 [1][2][3]……。
①著格式：作者. 书名. 版本. 译者. 出版地 : 出版者, 出版年 .

②论文集格式 : 作者. 书名. 题名. 编者. 文集名. 出版地. 出版者, 出版年 . 在原文献中的位置 .

③期刊文章格式 : 作者. 题名刊. 年. 卷 (期).

④报纸文章格式 : 作者. 题名. 报纸名, 出版日期 (版次)

⑤互联网文章格式 : 作者. 题名. 下载文件网址. 下载日期 .

8. 同时请提供

(1) 联系方式 : 包括作者的通信地址、邮编、电话、电子邮箱、QQ 等。

(2) 来稿不退，文责自负，编辑部按照出版要求对来稿有删改权，如不同意，请事先声明。请勿一稿多投。强化调研，不得抄袭，避免知识产权纠纷。

9. 投稿地址及联系方式 :

东南大学建筑学院 :
赵军 15051811989 电子邮箱 : zhnnjut@163.com
中国建筑工业出版社 :
张华 010-58337179 电子邮箱 : 2506082920@qq.com